中学入試 まんが攻略BON!
理科

天体・気象

Gakken

理科 天体・気象

もくじ

- ★ この本の効果的な使い方 …………………………………………… 4

第1章 星の動き

- 1 星座といろいろな星 …………………………………………… 8
- 2 星の1日の動き ………………………………………………… 16
  - ▶▶▶星の1日の動き ▶重要ポイントのまとめ ……………… 30
      ▶基本例題で確認 ……………………………… 31
      ▶入試問題に挑戦!! …………………………… 32
- 3 星の1年の動き ………………………………………………… 34
  - ▶▶▶星の1年の動き ▶重要ポイントのまとめ ……………… 46
      ▶基本例題で確認 ……………………………… 47
      ▶入試問題に挑戦!! …………………………… 48
- ●ハイレベル総合問題「星の動き」……………………………… 50
- 知っ得！情報 季節の代表的な星座 ……………………………… 52

第2章 太陽の動き

- 1 太陽の1日の動き ……………………………………………… 54
- 2 太陽の1年の動き ……………………………………………… 64
  - ▶▶▶太陽の動き ▶重要ポイントのまとめ ………………… 76
      ▶基本例題で確認 ……………………………… 77
      ▶入試問題に挑戦!! …………………………… 78
- ●ハイレベル総合問題「太陽の動き」…………………………… 80

知っ得！情報　北極・南極と赤道での太陽の動き ……… 82

第3章　月の動き・月食

1　月の動きと満ち欠け …………………………………… 84
2　月食・日食と惑星（わくせい） ……………………… 98
　▶▶▶月の動き・月食▶重要ポイントのまとめ ……… 108
　　　　　　　　　　　▶基本例題で確認 ……………… 109
　　　　　　　　　　　▶入試問題に挑戦 !! …………… 110
●ハイレベル総合問題「月の動き・月食」……………… 112
　知っ得！情報　月の出の時刻（じこく）……………… 114

第4章　気　象

1　雲のでき方と気圧（きあつ） ………………………… 116
　▶▶▶雲のでき方と気圧▶重要ポイントのまとめ …… 128
　　　　　　　　　　　▶基本例題で確認 ……………… 129
　　　　　　　　　　　▶入試問題に挑戦 !! …………… 130
2　日本の季節と天気 ……………………………………… 132
　▶▶▶日本の季節と天気▶重要ポイントのまとめ …… 144
　　　　　　　　　　　▶基本例題で確認 ……………… 145
　　　　　　　　　　　▶入試問題に挑戦 !! …………… 146
●ハイレベル総合問題「気　象」………………………… 148
　知っ得！情報　気温の変化と太陽の動き・天気・湿度（しつど）……… 150
★　答えと解説（かいせつ） ……………………………… 151

この本の効果的な使い方

★まんがで楽しく中学入試対策！

　この本は、入試でよく問われる知識や考え方を、まんがでわかりやすく理解できるように工夫してあります。まんがを楽しく読みながら、中学受験生の多くが苦手とする「天体」分野と「気象」分野がスイスイわかるようになります。基本的な内容を中心に取り上げているので、中学入試の入門書として最適です。

　また、重要なポイントは、特に目立つようにしているので、効率よく学習することができます。

> 重要 のマークがついているところは要チェック！大事なことばや内容が書いてあるから注意して読むのじゃ！

★重要ポイントをチェックして、入試問題で実力をつけよう！

　まんがのあとには、各項目ごとに「重要ポイントのまとめ」のページと、おもにまんがの中に出てきた問題のくわしい解説「基本例題で確認」がのっています。しっかり確認しておきましょう。内容がわかったら、「入試問題に挑戦!!」で、実際に入試で出題された問題にチャレンジして、力をつけましょう。

　章末の「ハイレベル総合問題」は、難関校で出題された、とても難しい問題です。難関校をめざす人は、ぜひ挑戦してみましょう。

★らん外情報も見ておくとお得！

　らん外には、くわしい情報やミニ知識、一問一答の問題がのっています。これらも見のがさずに読んでおくと、理解が深まります。

★登場人物

夏木リナ
天馬小学校の6年生。11月生まれのさそり座。理科は得意だけど、ちょっとおっちょこちょいなところも。

春日ヒカル
リナの幼なじみ。8月生まれのしし座。好奇心旺盛で天然キャラ。

第 1 章 ▶▶▶ 星の動き

　星座や星は、なぜ動いて見えるのかな。この章では、星や星座は、1日、1年にどのように動くのか、地球の動きとはどのような関係があるのかを、くわしく学習します。

1 星座といろいろな星 …………………… 8

2 星の1日の動き ………………………… 16

3 星の1年の動き ………………………… 34

第1章 星の動き

第1章 星の動き

1 星座といろいろな星

今日7月20日は、天馬市天文台「星の観察会」の日です。8時から町のあかりを消しますので、みなさんどうぞ星空を楽しんでください。

わあ、天の川が見える！

ヒカル

リナ

どれどれ？

きみたち。天の川がわかったら、織り姫星と彦星はもう探せたかな。

天文台長
ポール博士

ほらあのぼーっとかすんでいるところよ。

はー、あれがそうなのか。

あ、ポール博士！

くわしく 天の川は、銀河（星の集まり）の一部で、地球もその中にふくまれる。たくさんの星が集まっているので、白っぽい帯のように見える。

 地球から肉眼で見ることができる星の数は、全天で約8600個だが、そのうち半分は地平線の下にあり、地平線近くの星はよく見えないので、一度に見える星の数は約3000個くらいである。

第1章　星の動き

では、東の空を見てみよう。天の川が大きく横たわっているね。

織り姫と彦星の伝説は知っているかい？

たしか、愛し合う二人にしっとした神様が無理矢理別れさせたのよね。

あー…少しちがうと思うぞ。仲良くなった二人が遊んでばかりいるので、おこった神様が天の川の両岸へ二人を引きはなしたといわれておる。

1年に1度会うときには、かささぎという鳥が橋のかわりになるんじゃ。その伝説が星の位置と関係あるのじゃ。

マメ知識　星までのきょりは、光年（光が1年間に進むきょり）という単位で表される。光は1秒間に約30万km進むので、1光年は約9.46兆km。織り姫星（ベガ）までは25光年である。

1 星座といろいろな星

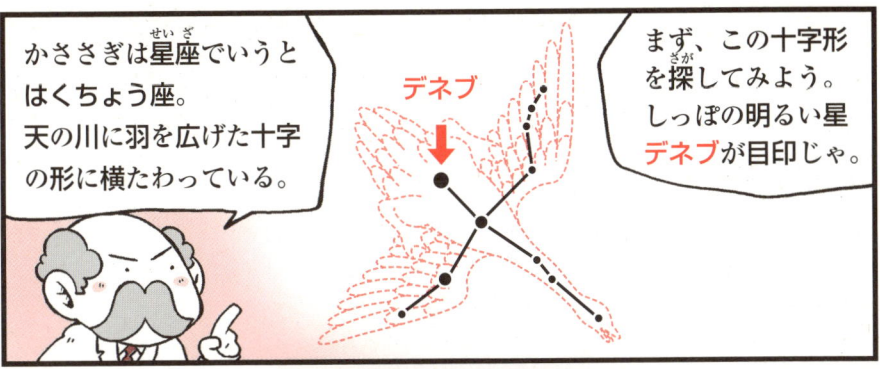

星の明るさは、肉眼で見える星の明るさによって、1等星から6等星の6階級に分けられる。1等星は、2等星より約2.5倍明るく、6等星より100倍明るい。

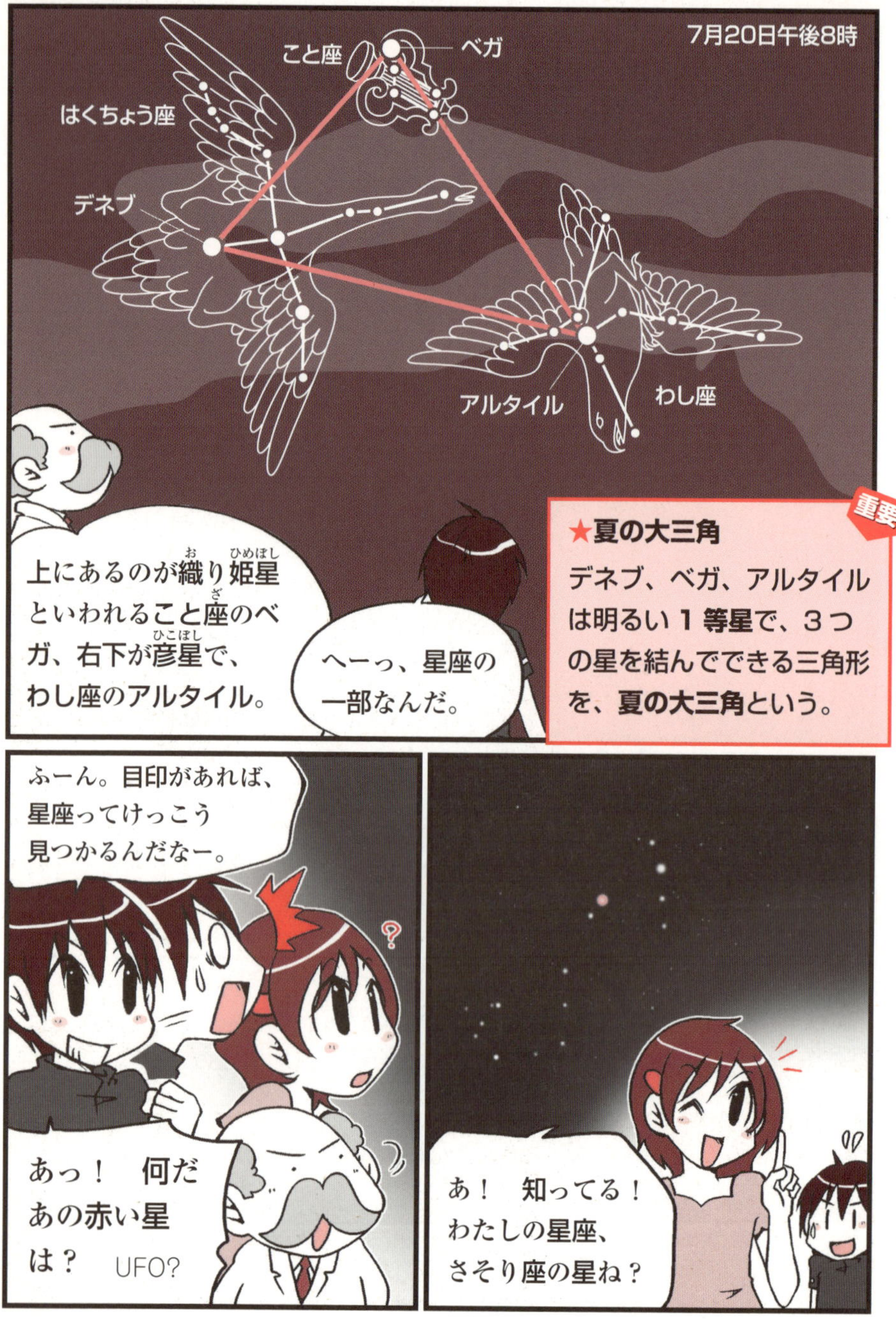

第1章 星の動き

星の色は、星の表面温度によってちがって見える。ふつう、表面の温度が高い星ほど青白く、温度が低い星ほど赤っぽく見える。青白（白）い星には、**ベガ、デネブ、アルタイル、シリウス**などがある。赤色の星には、**アンタレス、ベテルギウス**などがある。

第1章　星の動き

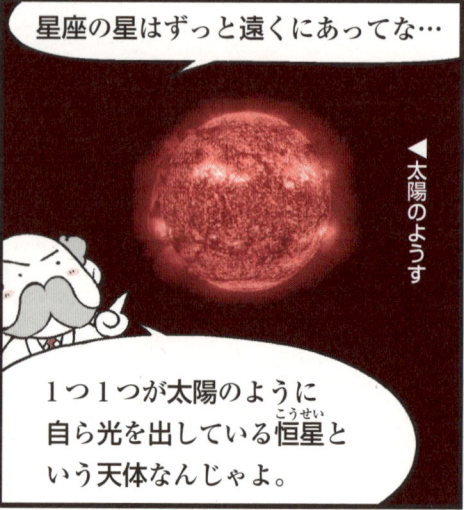

くわしく
恒星…太陽のように、自分から光を出している天体。
惑星…地球のように、太陽のまわりを回り、太陽の光を反射して光っている天体。
衛星…惑星のまわりを回っている天体。月は地球の衛星。

 ほとんどの流れ星は、地上100km～200kmで燃えつきてしまうが、ときどき燃えきらずに地球に落ちてくるものがある。これを**いん石**という。

第1章　星の動き

2 星の1日の動き

マメ知識 ▶ 星の写真の写し方…①できるだけ地上の光が入らないところを選び、カメラを三脚などに固定する。②しぼりを開放、ピントを無限大（∞）、シャッターをバルブ（B）に合わせる。③シャッターをおして開き、撮影が終わったらもう一度シャッターをおして閉じる。

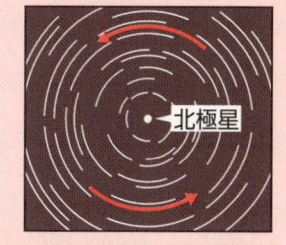

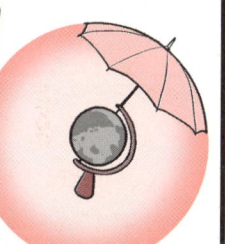

2 　星の１日の動き

問題

○北極星
北極星からの光
北極
緯度A
緯度0度（赤道）
地球
緯度Aの地点での天球
地平線
b a
B

それがわかるんじゃ。ちょっと問題をやってみよう。

緯度が角A、北極星の高さは角aじゃ。では、角Aと角aは、どんな関係かな？

平行線に交わる直線の角度には決まりがあったね。

北極星からの光が平行だから、角Bと角bが同じ角度、B＝bだね。

それにA＋Bが90°、a＋bも90°…だから

角Aと角aは同じ角度、A＝aってことね！

正解！

博士！　北極星の高さaって、

緯度なのね？

そう！　昔の航海では、北極星が見える高さをはかって、自分の位置を知ったんじゃ。

重要
北極星の高度＝観測地点の緯度

マメ知識　北極星は非常に遠くにあるので、地球のどの場所でも、北極星からの光は平行に届いてきていると考えてよい。

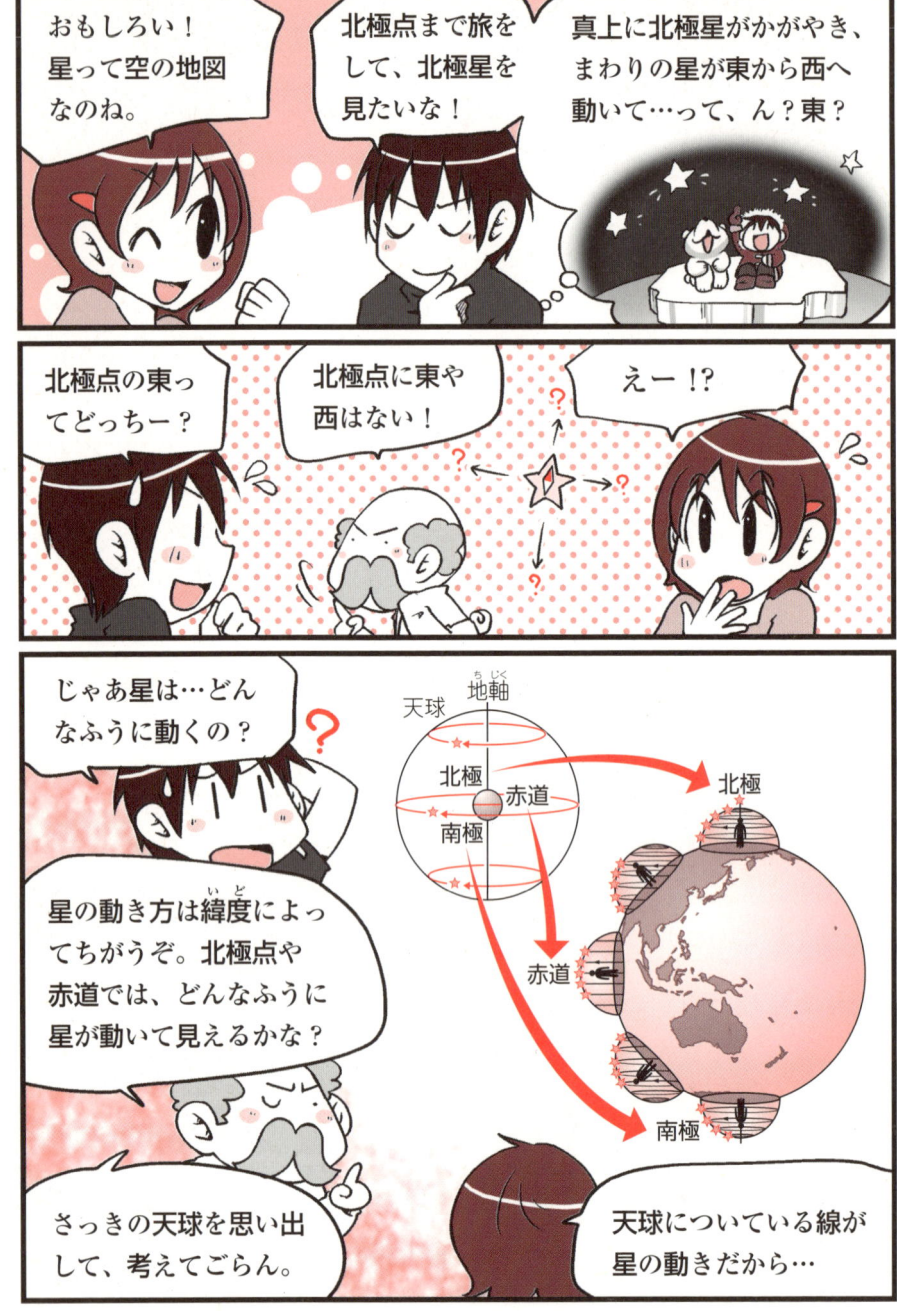

マメ知識
北極での星の動き…北極星を中心に、反時計回りに回る。
南極での星の動き…天の南極を中心に、時計回りに回る。
赤道での星の動き…東から垂直にのぼり、西に垂直にしずむ。

第1章 星の動き

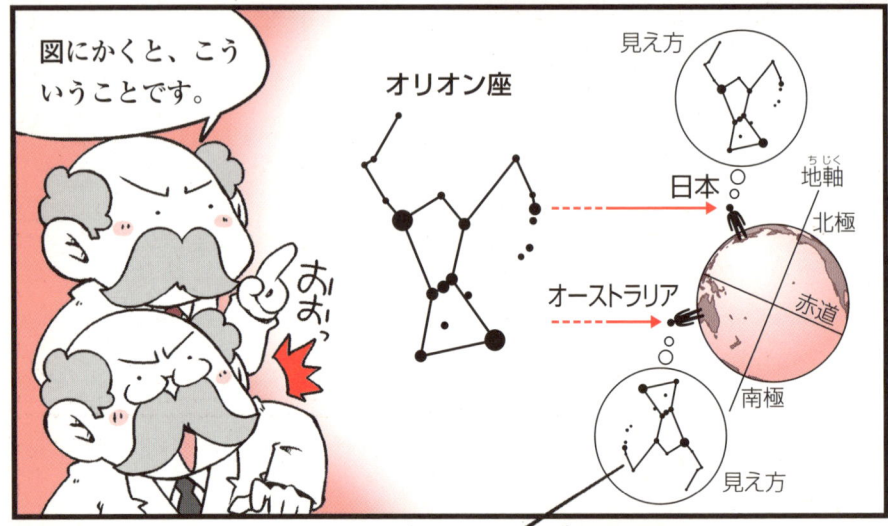

> **くわしく** オリオン座やさそり座のように、地平線から出たりしずんだりする星を出没星という。また、こぐま座やカシオペヤ座のように、1日中地平線上に出ている星を、周極星という。

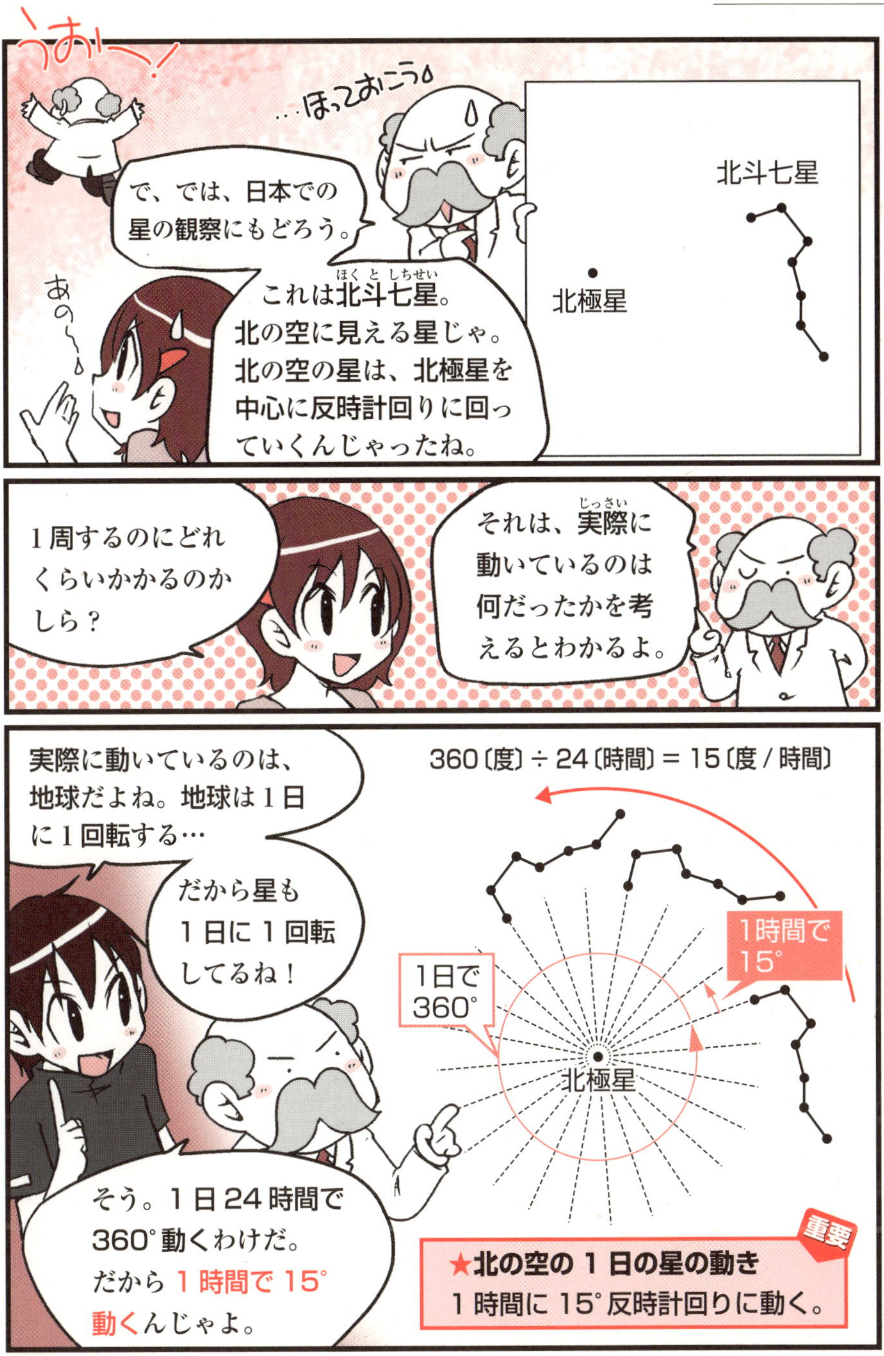

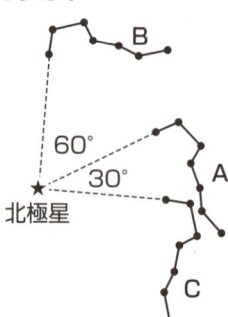

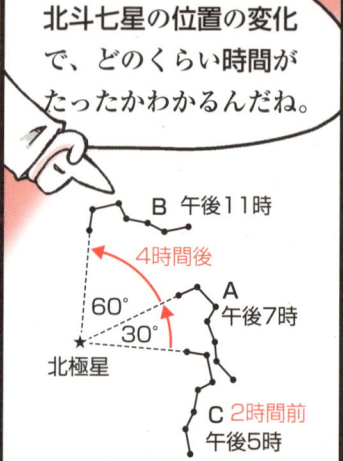

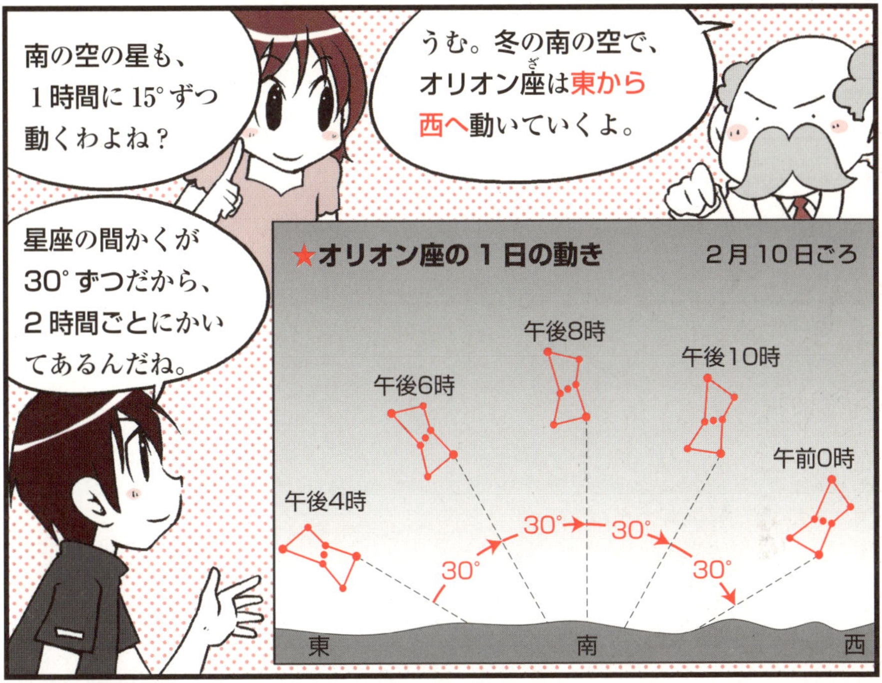

第1章　星の動き

くわしく　北極星を中心とする北の空に見える星は、ほぼ1年を通して見ることができる。

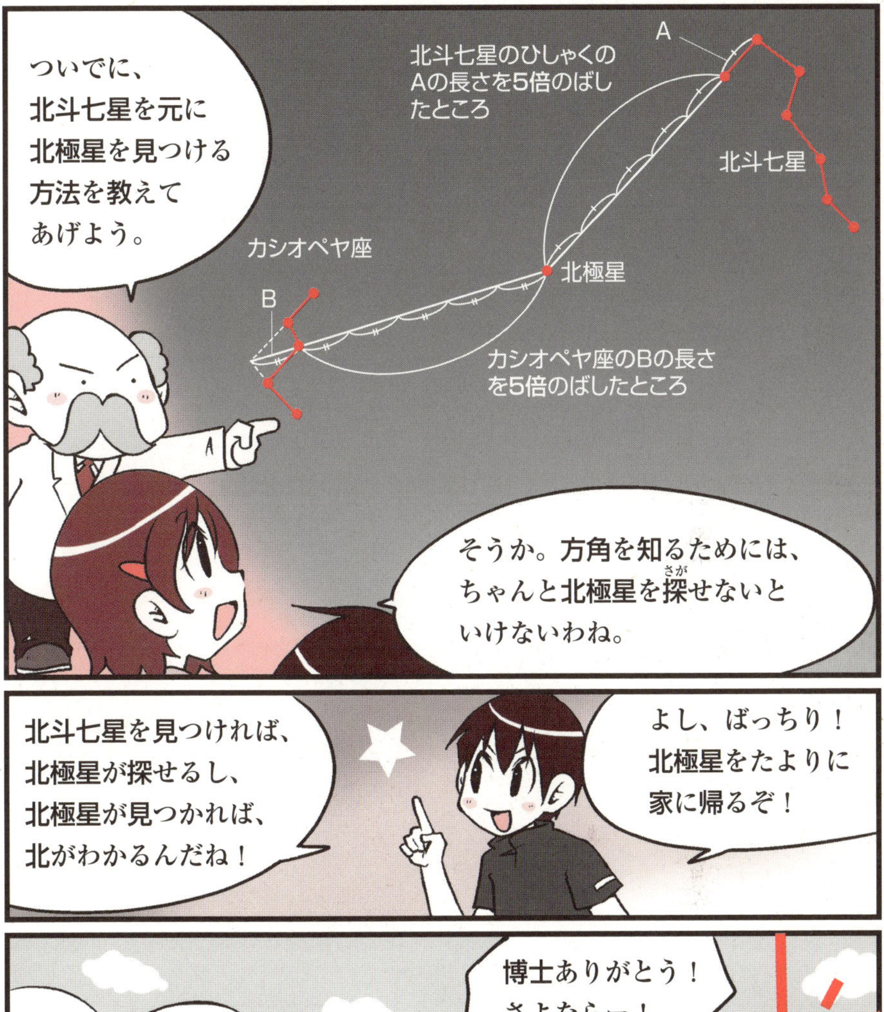

2 星の1日の動き

ついでに、北斗七星を元に北極星を見つける方法を教えてあげよう。

北斗七星のひしゃくのAの長さを5倍のばしたところ

北斗七星

カシオペヤ座

北極星

カシオペヤ座のBの長さを5倍のばしたところ

そうか。方角を知るためには、ちゃんと北極星を探せないといけないわね。

よし、ばっちり！北極星をたよりに家に帰るぞ！

北斗七星を見つければ、北極星が探せるし、北極星が見つかれば、北がわかるんだね！

博士ありがとう！さよならー！

まだ日がしずんでいないからのう…。

無理だな。

 北極星を見つけるときは、おもに北斗七星を手がかりにするが、秋ごろになると北斗七星の高度が低くなって見えにくくなるので、カシオペヤ座から見つけるようにするとよい。

重要ポイントのまとめ ▶▶▶ 星の1日の動き

1 星の動き

基本 ●地球が地軸を中心として"**西から東**"に回っている（**自転**している）ことによる、**東から西**の向きの見かけの動き。

●**北極星**…地軸の北のはしの方向にあって動かない星。ほかの星はすべて、北極星を中心として円をえがくように見える。

重要 ●**方位と星の動き**

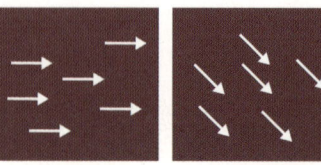

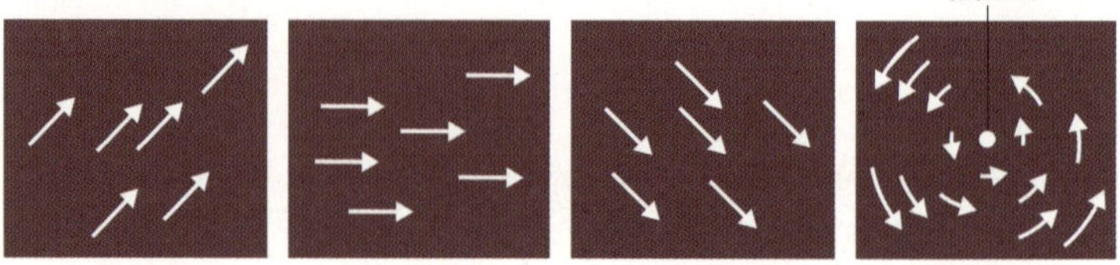

東の空　　南の空　　西の空　　北の空

重要 ●星は**1時間に15度**動く。←地球が1日24時間で1回転するため。

2 透明半球

●**天球**…空を、おわんをふせたような半球面と考えたもの。

●**透明半球**…天球の模型。星の動きをこの半球上で表す。

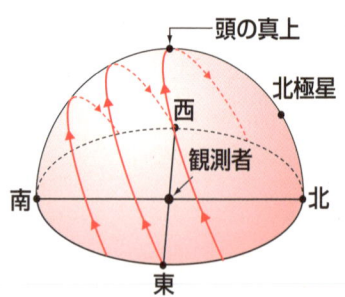

入試に役立つ　オリオン座の三つ星の向きで方位がわかる！

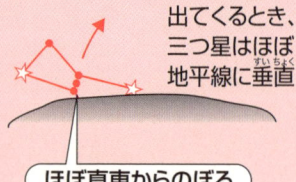

出てくるとき、三つ星はほぼ地平線に垂直

ほぼ真東からのぼる

南中したとき三つ星は右上がり

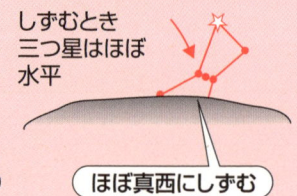

しずむとき三つ星はほぼ水平

ほぼ真西にしずむ

第1章 星の動き

まんがのおさらい
基本例題で確認

右の図は、よく晴れた夜に、東京のある場所で北の空に見える北斗七星を一定時間ごとに観察し、スケッチしたものです。図の中の**P**の星は、つねに同じ位置に見えました。また、図の**B**は22時（午後10時）のスケッチです。

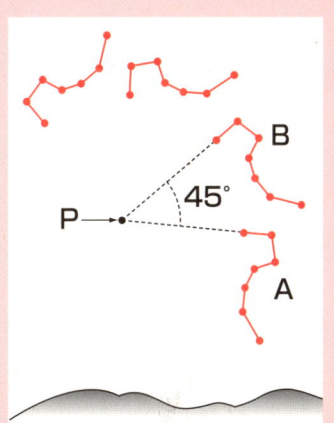

(1) **P**の星を何といいますか。名前を漢字で書きなさい。

(2) 図の**A**のスケッチをした時刻は、何時ですか。次の**ア**〜**エ**から1つ選び、記号で答えなさい。

　ア. 19時　　**イ**. 20時　　**ウ**. 21時　　**エ**. 23時

解き方 ▶▶▶

(1) ①星は、地球の自転とは逆向きに**東から西**に円をえがいて移動するように見えます。

②その円の中心にあるのが<u>北極星</u>です。北極星はつねに静止して見えます。

(2) ①地球は1日（24時間）で1回転（360度）します。

②地球が1時間に回る角度は、360÷24＝**15**（度）です。したがって、星も**1時間に15度**回ります。45度回るには、45÷15＝3（時間）かかります。

③北の空では、星は反時計回り（**A→B**の向き）に回ります。

答え　(1) **北極星**　　(2) **ア**

入試問題に挑戦!! 星の1日の動き

1 星座の動きの問題

右の図は、真夜中ごろに日本のある場所で見た気象衛星「ひまわり」とある星座の位置を示しています。

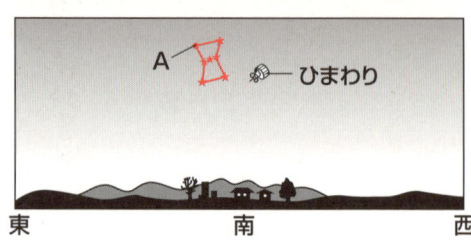

＜安田女子中改題＞

(1) 図の星座は何という星座ですか。〔　　　　座〕
(2) 図のAは何という星ですか。〔　　　　　〕
(3) 時間がたつと、「ひまわり」とこの星座はそれぞれどのように動いて見えますか。次のア～ウから1つずつ選び、記号で答えなさい。　　　ひまわり…〔　　〕　星座…〔　　〕

ア．西へ動く。　　イ．東へ動く。　　ウ．動かない。

2 北の空の星の動きの問題

右の図は、北の空に見える星を表しています。太郎君は、図の中の星や星座を用いて、北の方位を求めました。

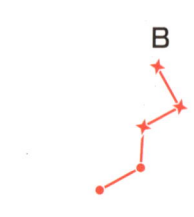

＜桐朋中改題＞

(1) 図のBの星座名を答えなさい。〔　　　　座〕
(2) 図のAやBの星座を用いて、北の方位の求め方を作図で示しなさい。作図に用いた線は、すべて残しておきなさい。

3 いろいろな星座の問題

高知県のある場所である時刻に星をスケッチしました。下の図1、図2は、8月のある夜のスケッチです。これについて、次の問いに答えなさい。

〈高知学芸中改題〉

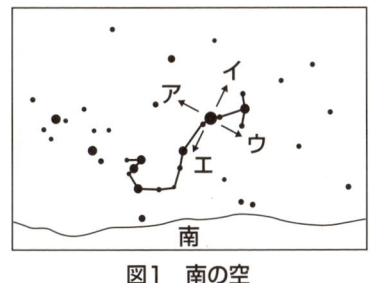

図1　南の空　　　　　　図2　真上の空

(1) 図1で、線で結ばれている星座は何ですか。この星座名を答えなさい。〔　　　　座〕

(2) (1)で答えた星座の中に1等星が1つあります。この星の名前をカタカナで答えなさい。〔　　　　　〕

(3) (2)の1等星は、スケッチした後、図1のア〜エのどの向きに動きますか。〔　　　〕

(4) 図2の中で、点線で結んでいる星は夏の大三角とよばれています。結ばれている星の名前を3つ答えなさい。
〔　　　　〕〔　　　　〕〔　　　　〕

1 (3) 地球は西から東へ自転している。「ひまわり」は地球の自転と同じ方向へ、同じ周期（1周する時間）で回っている。

3 (2) 「火星の敵」という意味の星で、**赤色の星**として有名である。
(3) 真南の空に見えるときは、もっとも高くのぼっている。

3 星の1年の動き

 星座は全天で88あり、日本ではそのうちの約50の星座を見ることができる。

第1章 星の動き

3 星の1年の動き

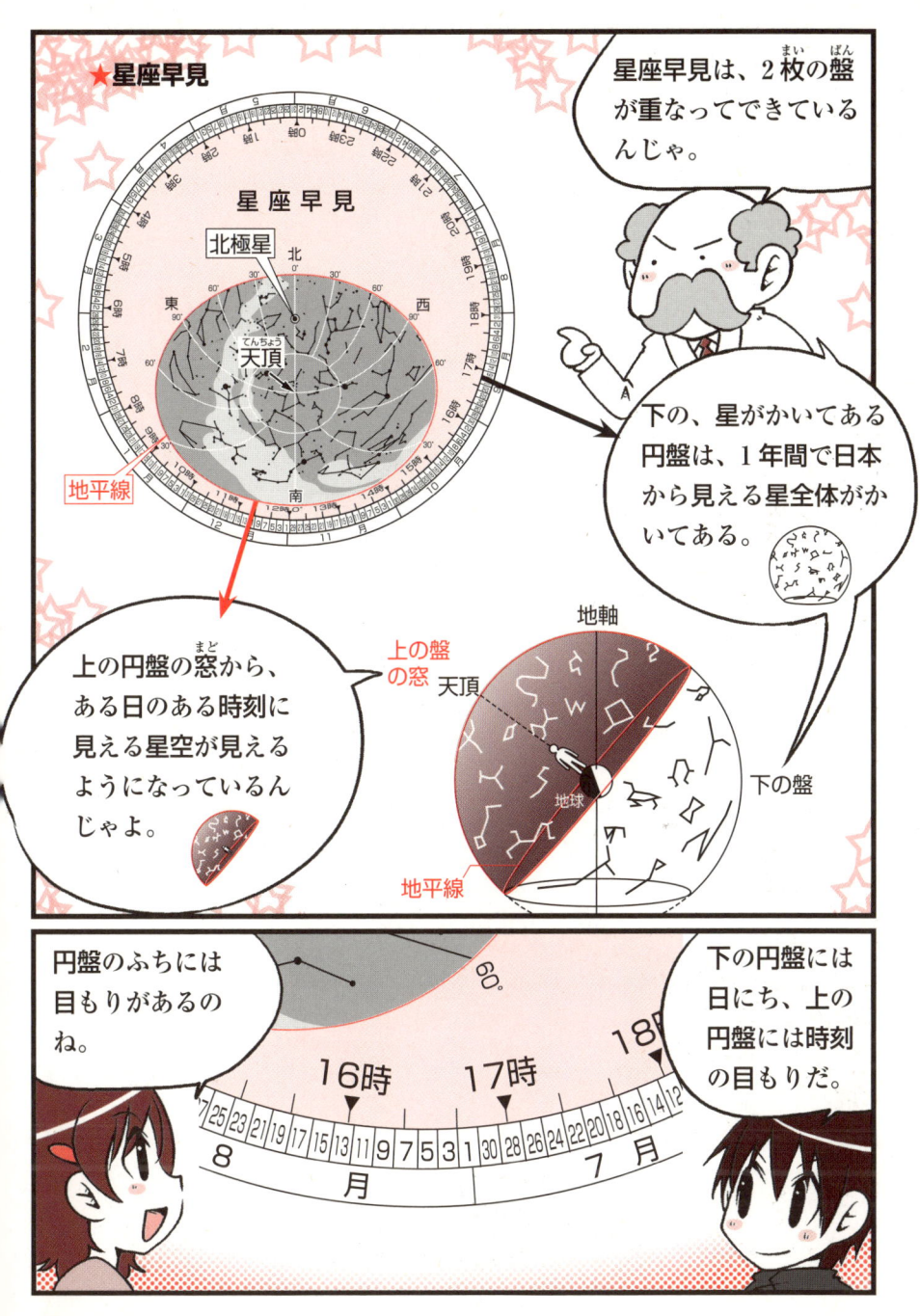

★星座早見

星座早見は、2枚の盤が重なってできているんじゃ。

下の、星がかいてある円盤は、1年間で日本から見える星全体がかいてある。

上の円盤の窓から、ある日のある時刻に見える星空が見えるようになっているんじゃよ。

円盤のふちには目もりがあるのね。

下の円盤には日にち、上の円盤には時刻の目もりだ。

マメ知識 星座早見の南北を結ぶ直線と、東西を結ぶ曲線の交わるところ（南北を結ぶ直線の真ん中の点）が**天頂**、つまり自分の真上となる。

第1章　星の動き

さっそく練習してみよう。

たとえば、8月1日の夜8時の星空を見たいときはどうすればいいかな？

夜の8時は20時よね。ここに目もりがあるわ。

8月1日はここだから、上の盤を回して…

こうすればいいんだ！

ピタッ！

いいぞ！

そして、南の空を見るときは、

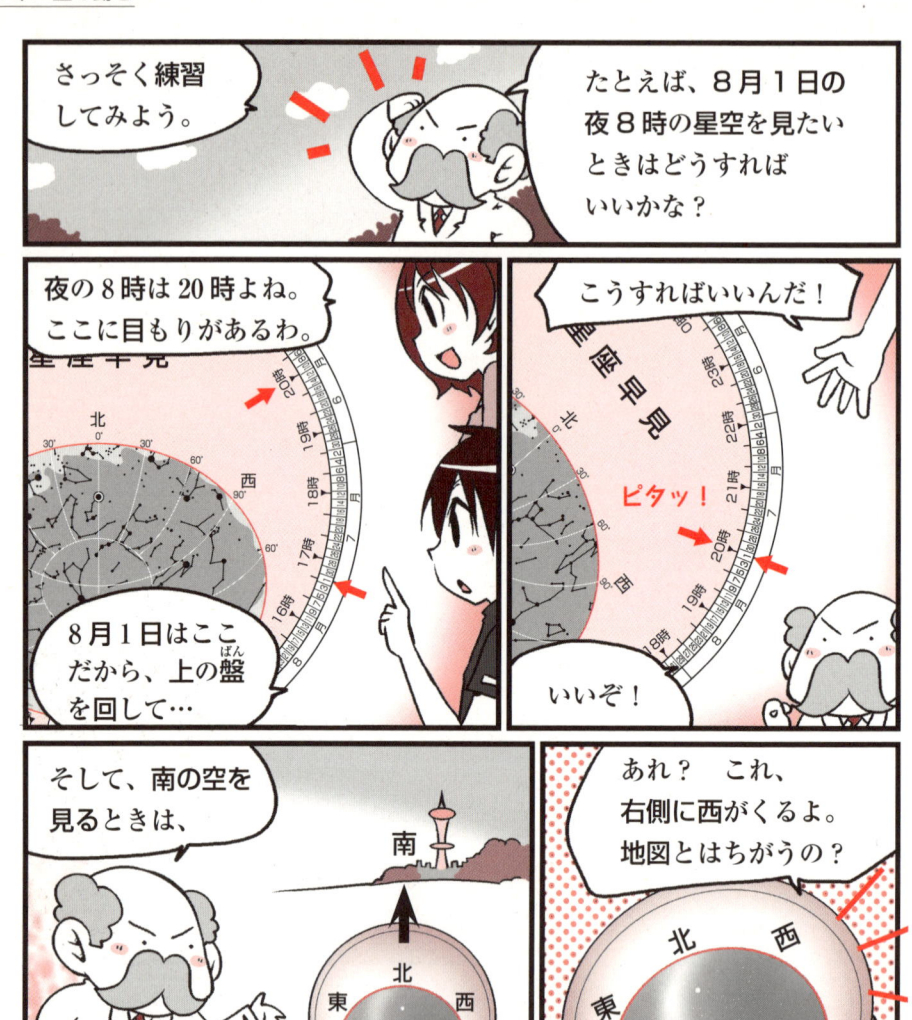

こうかな？

重要
星座早見の「南」と書いてあるところを**下**にして持つんじゃ。

あれ？　これ、右側に西がくるよ。地図とはちがうの？

地図では…

> **マメ知識** ▶ 星空を観察するときは、観察する方角が**下**になるように星座早見を持つ。たとえば東の空を見るときは、右図のように「東」を下にして持つ。

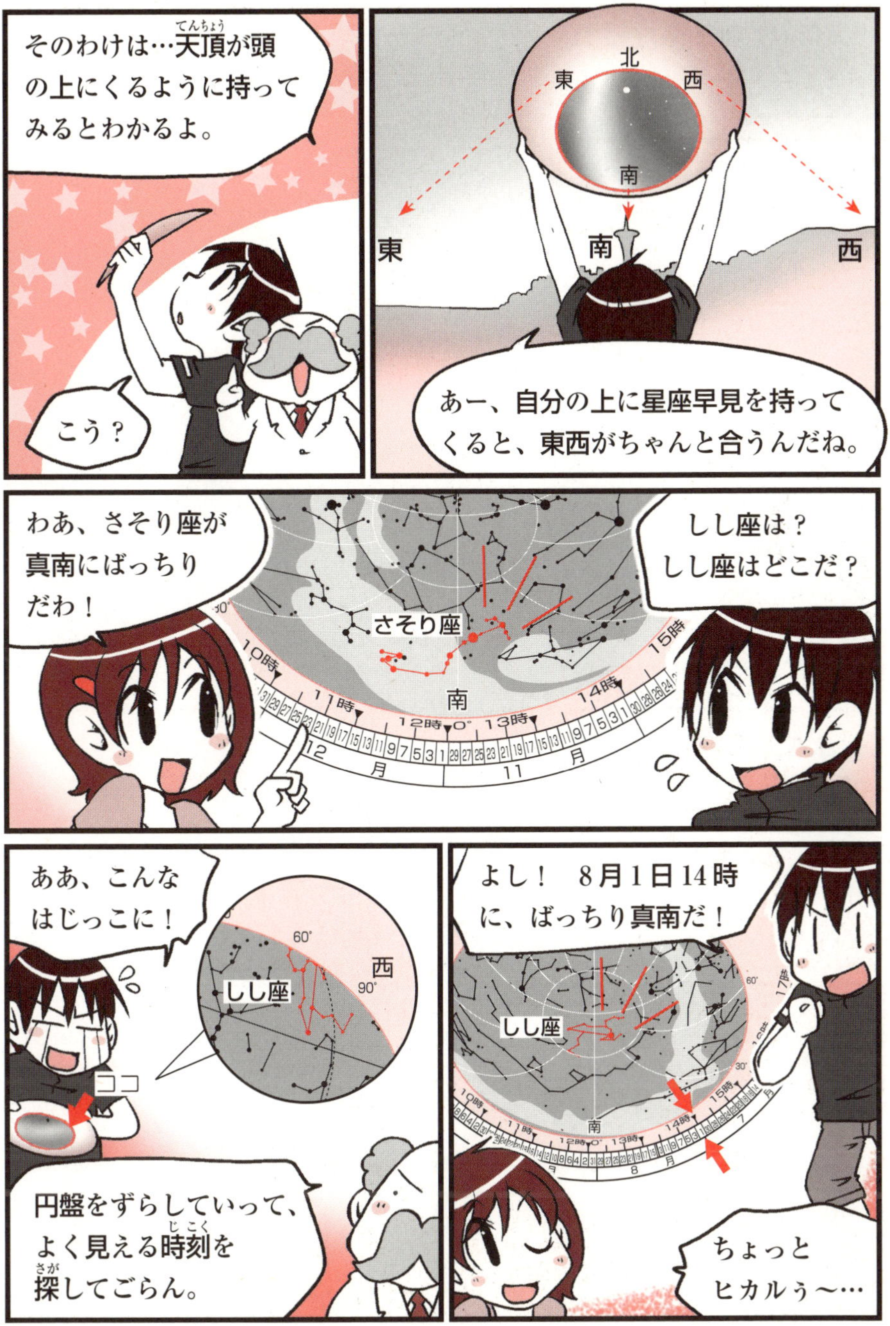
そのわけは…天頂が頭の上にくるように持ってみるとわかるよ。
こう？
北
東
西
南
東
南
西
あー、自分の上に星座早見を持ってくると、東西がちゃんと合うんだね。
わあ、さそり座が真南にばっちりだわ！
さそり座
南
しし座は？しし座はどこだ？
ああ、こんなはじっこに！
しし座
西
ココ
円盤をずらしていって、よく見える時刻を探してごらん。
よし！　8月1日14時に、ばっちり真南だ！
しし座
南
ちょっとヒカルぅ〜…

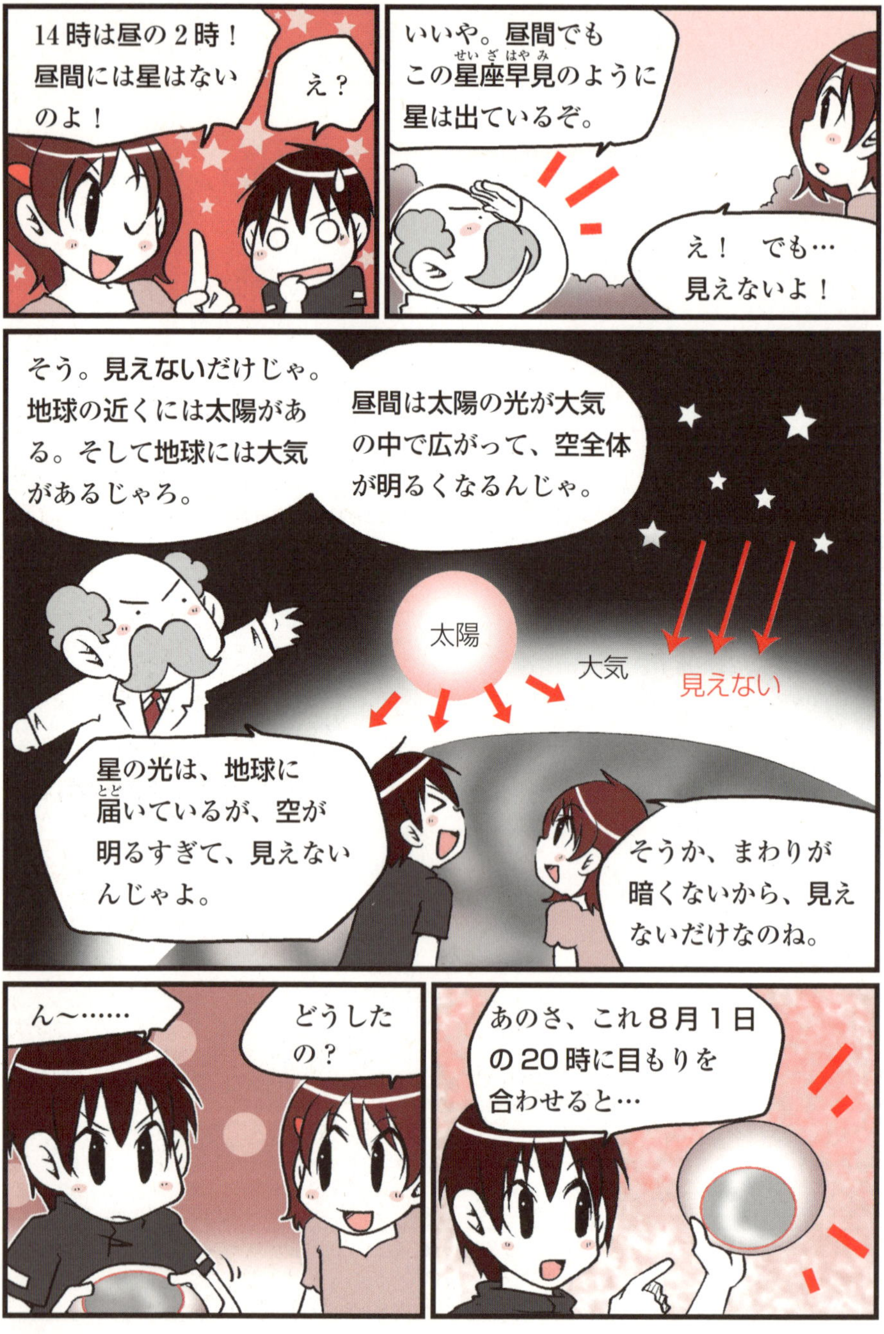

問題　星座早見で、１か月後の同じ時刻の星座を見るには、上の円盤（窓のある円盤）をどちらの向きに回せばよいか。

3 星の1年の動き

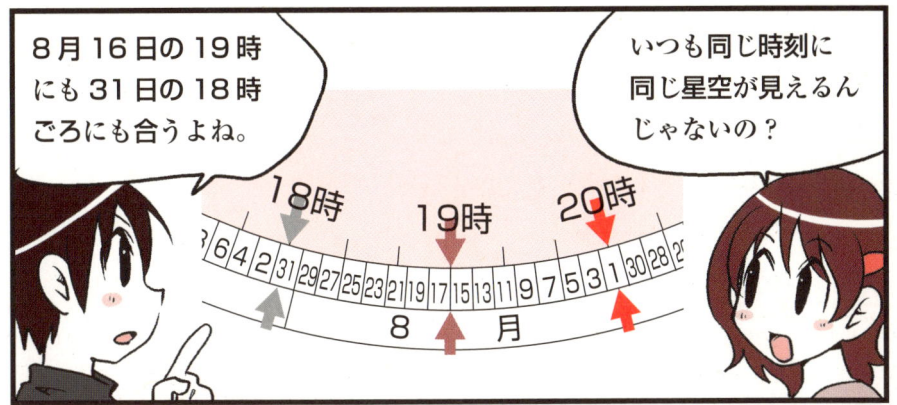

8月16日の19時にも31日の18時ごろにも合うよね。

いつも同じ時刻に同じ星空が見えるんじゃないの？

うむ。星は1年を通して、少しずつ動いているんじゃよ。

星の1日の動きは、地球の1日の動き、つまり自転と関係があったね。

それでは、星の1年の動きは、何に関係あると思う？

それなら…地球の1年の動きに関係あるかしら？

そう！「公転」といって、地球は1年かけて太陽のまわりを回っているんじゃ。

重要

答え 右回り（時計回り）に回す。

第1章　星の動き

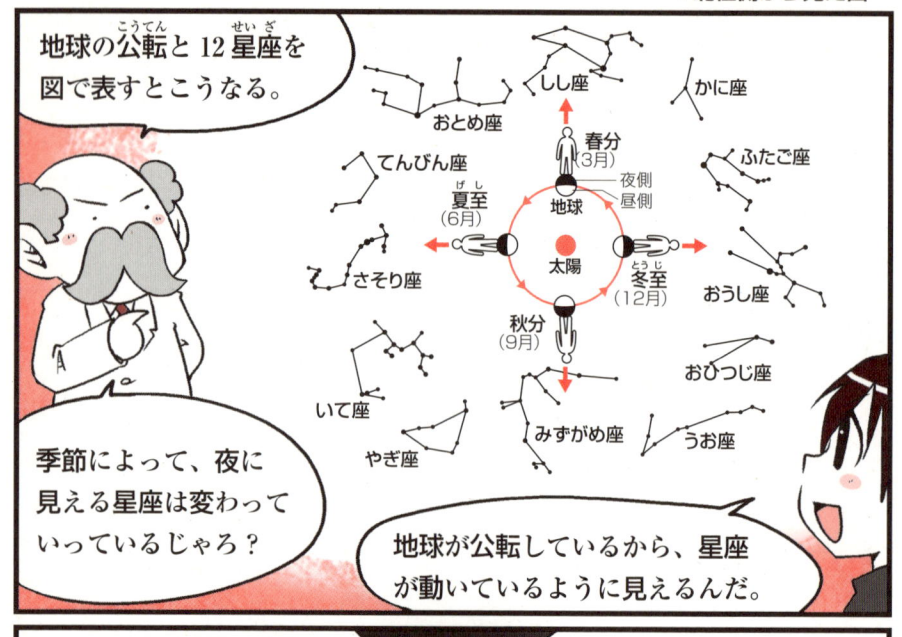

▼北極側から見た図

地球の公転と12星座を図で表すとこうなる。

季節によって、夜に見える星座は変わっていっているじゃろ？

地球が公転しているから、星座が動いているように見えるんだ。

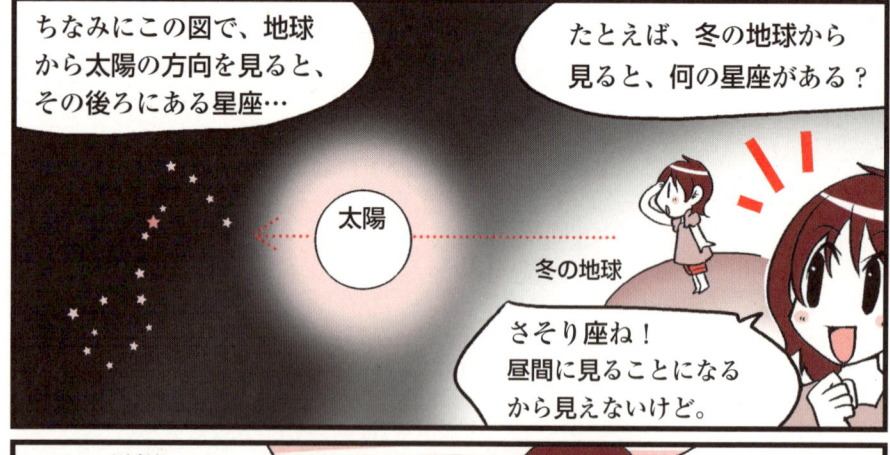

ちなみにこの図で、地球から太陽の方向を見ると、その後ろにある星座…

たとえば、冬の地球から見ると、何の星座がある？

さそり座ね！昼間に見ることになるから見えないけど。

そう。星占いでは、誕生日に太陽が見える方向の星座を、誕生星座としているんじゃよ。

そうか。太陽が主役だから、誕生星座とその星座がよく見える時期とは関係ないのね。

くわしく　地球から見ると、太陽が星座の間をぬって動くように見える。この太陽の見かけの通り道を黄道という。地球が春→夏→秋→冬と動くと、太陽は、みずがめ座→おうし座→しし座→さそり座と動くように見える。

3 星の1年の動き

さて、では地球が公転していくと、同じ時刻に見える星座は、1か月にどのくらい動いて見えるかな？

1年かけて星座が1周するんだから、1周を12か月で割ればいいんじゃない？

1周は360°だから 360÷12で、1か月に30°動くんだ！

そのとおりじゃ！

重要

★地球の公転と星の動きとの関係

同じ時刻に見える星は、**1か月に30°**ずれて見える。

真夜中の南の空

1か月後の真夜中の南の空　30°ずれる。

2か月後の真夜中の南の空　60°

3か月後の真夜中の南の空　しずむ。　90°

星の光

地球

1か月に30°公転

太陽

動く方向は、星の1日の動きと同じなのね。

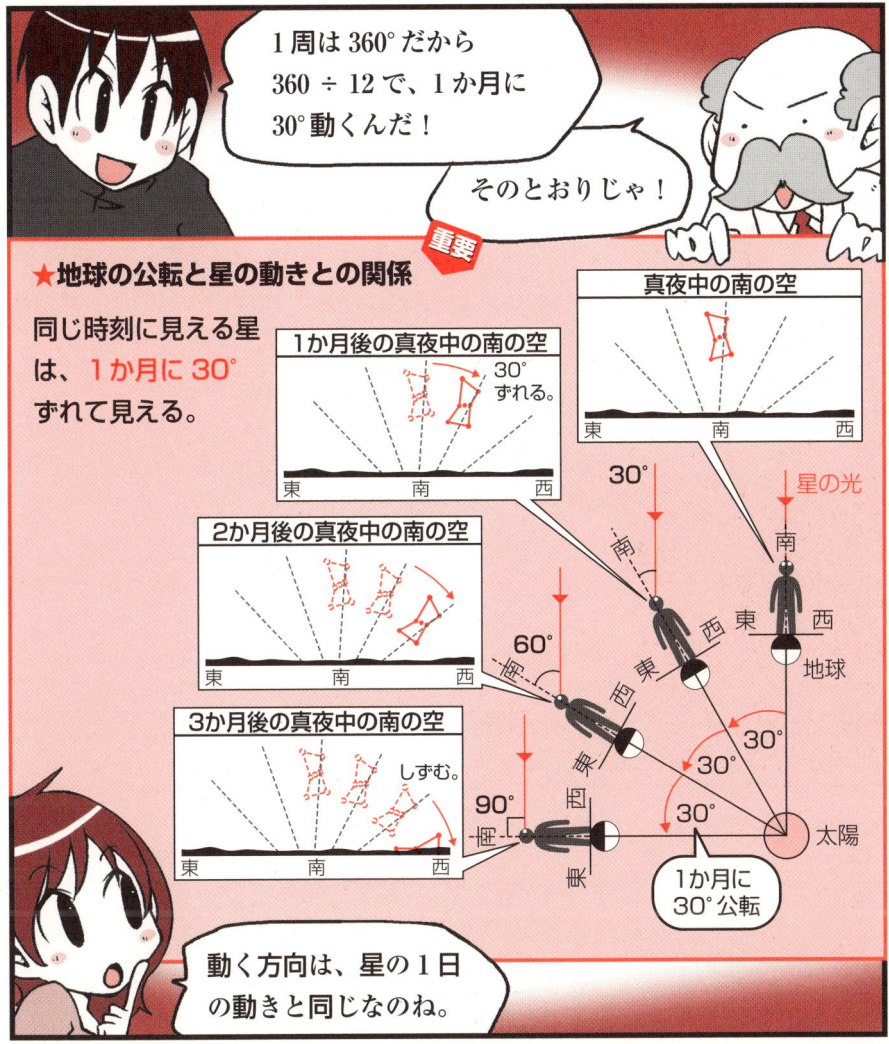

くわしく 星が同じ位置に見える時刻…同じ時刻に観察すると、星は1日に1°、1か月に30°動くので、同じ位置に見える時刻は、1日に**4分**、1か月に**2時間**早くなる。
→1°動くのに4分、30°動くのに2時間かかる。

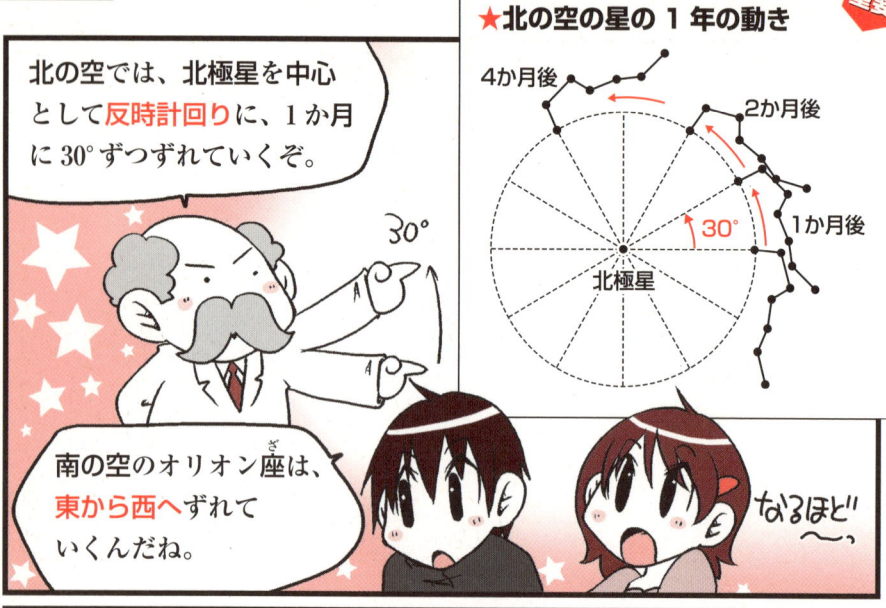

第1章 星の動き

★北の空の星の1年の動き 重要

4か月後　2か月後　1か月後　30°　北極星

北の空では、北極星を中心として**反時計回り**に、1か月に30°ずつずれていくぞ。

南の空のオリオン座は、**東から西へ**ずれていくんだね。

なるほど〜

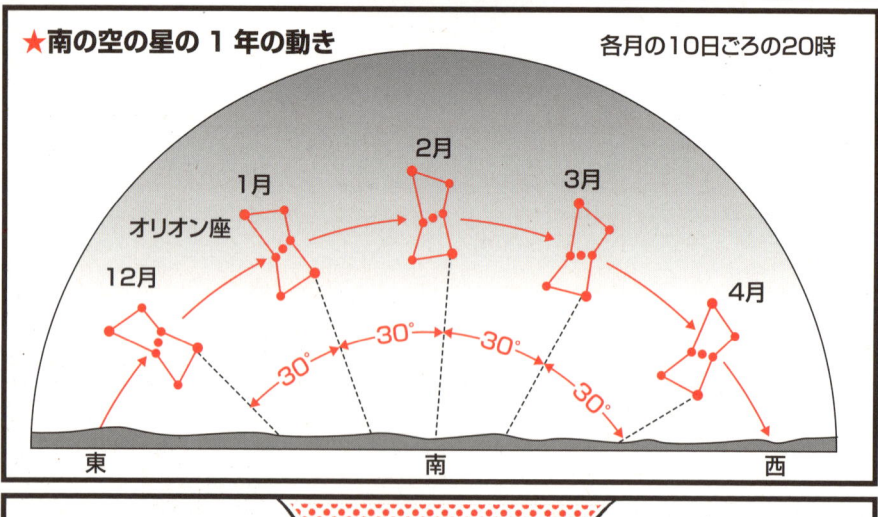

★南の空の星の1年の動き

各月の10日ごろの20時

オリオン座　12月　1月　2月　3月　4月
30°　30°　30°　30°
東　南　西

このオリオン座は、ちょうど、さそり座がのぼってくるころ、にげるようにしずんでしまうんじゃ。

このようすを昔の人は神話と重ねて考えていたんだね。

くわしく 星は、地球の公転によって1か月に約30°、1日に約1°動く。また、地球の自転によって1日に360°動くので、合わせると星は**1日24時間で、361°**動いていることになる。

3 星の1年の動き

オリオンは狩りのうでのよい若者だったが、あらゆる生き物をしとめてやると自まんしてしまったんじゃ。

これにおこった神が、さそりを放ち、オリオンはサソリにさされて天に召されたというわけさ。

オリオンは、さそりがこわくてにげているのね。

さそりはこわいものはないの？

ほーほほ！あるわけないじゃない！

きゃっ！また来た！

あ、あたし帰りまーす！

わんわんっ

コスモ！！

さそりは犬が苦手だったか…。

マメ知識 冬の間は、オリオン座は太陽と反対方向にあるので一晩中見ることができるが、さそり座は太陽と同じ方向にあるので、見ることができない。夏は、さそり座が太陽の反対側、オリオン座が太陽側にあるので、夜さそり座を見ることができ、オリオン座は見えない。

45

重要ポイントのまとめ ▶▶▶ 星の1年の動き

1 季節と星座 (52ページも参照)

基本 ●夏の星座…はくちょう座(デネブ)、こと座(ベガ)、わし座(アルタイル) →**夏の大三角**、さそり座(アンタレス)

●冬の星座…おおいぬ座(シリウス)、こいぬ座(プロキオン)、オリオン座(ベテルギウス) →**冬の大三角**

2 星の動き

重要 ●星が**同じ時刻に見える位置**…1日あたり**約1度**（1か月で**約30度**）ずつ移動する。→**地球が公転している**ため。
　　　　　　　　　　　　　　　　　　　　　　↳360度÷365日

・北の空の星…北極星を中心に**反時計回り**に移動して見える。

・南の空の星…**東から西**へ移動して見える。

重要 ●星が**同じ位置に見える時刻**…1日に**4分**ずつ早くなる。

→4分は、地球が1度自転するのにかかる時間（1時間で15度自転するので、1度自転するのに4分かかる）
　　　　　　　　　　　　　　　　　　　　　　　↳60分÷15度

→1か月では**120分**＝2時間早くなる。
　　　　　↳4分×30日

3 星座早見

●上盤…ふちに**時刻**の目もり（反時計回りに進む）
　　　　窓のふち＝地平線　　窓の中＝夜空に見える星

●下盤…ふちに**月日**の目もり（時計回りに進む）

入試に役立つ　夏の大三角から北極星がわかる！

　夏の大三角のデネブとベガを結ぶ辺に対し、アルタイルとほぼ対称な位置に、北極星がある。夏の大三角は、この北極星を中心とした円をえがくように動く。

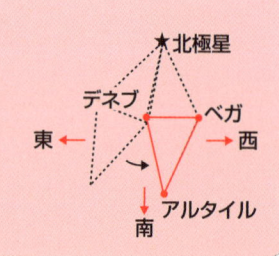

第1章　星の動き

基本例題で確認

まんがのおさらい ▶▶▶

右の図は星座早見を表しています。
(1) 上盤と下盤の中心にあたる位置Pにある星は何ですか。名前を書きなさい。
(2) A、Bの方位はそれぞれ何ですか。東西南北で答えなさい。

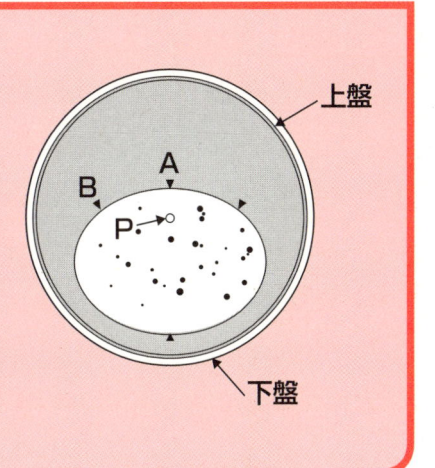

解き方 ▶▶▶

(1) ①円の中心は、上盤、下盤を回しても動きません。
②窓の中に現れる星は、位置Pにある星のまわりを、円をえがくように動いて見えます。
③空に見える星の中で、動かない星は北極星です。
④全天の星は、北極星を中心として円をえがくように動きます。

(2) ①上盤の窓のふちは、地平線を表しています。
②上盤の時刻と下盤の月日を合わせると、そのときの星空のようすが窓の中に現れます。
③時刻を進めるように上盤を回すと、星は地平線のBの側から現れてきます。

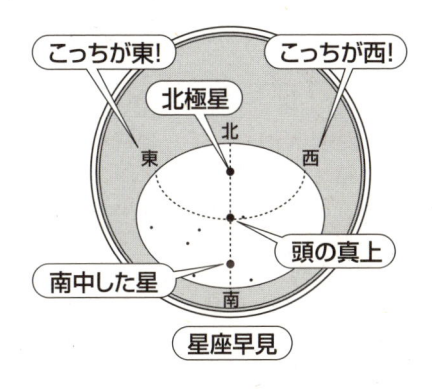

答え　(1) 北極星　(2) A…北　B…東

47

入試問題に挑戦!! 星の1年の動き

1 北の空に見える星の動きの問題

ある日の午後9時（21時）に北の空を観測したら、星Aが図のアの位置に見えました。 <城北中改題>

(1) 1か月後の午後9時には星Aはどこにありますか。〔　　　〕

(2) 3か月前の午後11時（23時）には星Aはどこにありますか。
〔　　　〕

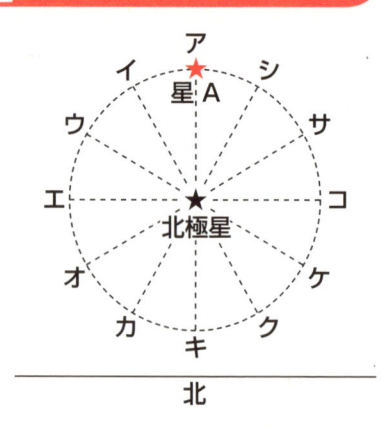

(3) 午前3時に星Aが図のコにあるのは何か月後ですか。
〔　　　か月後〕

2 南の空に見える星の動きの問題

ある日の真夜中（午前0時）に、右の図の星座がちょうど南中していました。 <日向学院改題>

(1) この星座の名前を答えなさい。
〔　　　座〕

(2) この星座を観測した季節はいつですか。春夏秋冬で答えなさい。　〔　　　〕

(3) この日から30日後にこの星座が南中する時刻を、0～24時で答えなさい。　〔　　　時〕

ヒント!!
2 (3) 星が南中する時刻は、1日に4分ずつ早くなる。

第1章　星の動き

答えと解説…151ページ

3 星座早見の問題

　右の図は、星座早見の模式図です。P点は、星座をかいた円盤の中心で、上盤に開けられた透明な円形の窓の中に、観測日時における星空が現れるようになっています。これについて、次の問いに答えなさい。

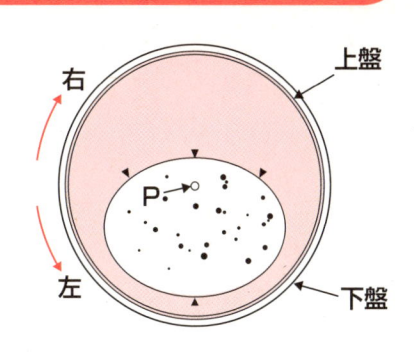

〈淳心学院中改題〉

(1) 星座早見を頭上にかざして西の空の星を調べたいと思います。星座早見をどの向きに持てばよいですか。次のア～エから1つ選びなさい。　〔　　　〕

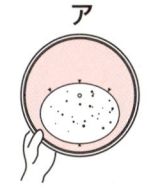

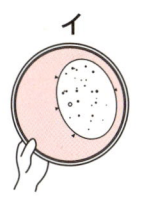

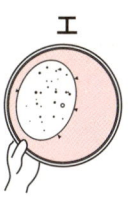

　　ア　　　　イ　　　　ウ　　　　エ

(2) 1か月後の同じ時刻に同じ場所で、星座早見を使って観察しました。(1)で観察したのと同じ星空（1か月前の星空）を星座早見の窓の中に現すには、上盤を下盤に対して図の左、右どちらの向きに何度回せばよいですか。左、右で答え、角度は次のア～エから1つ選びなさい。　〔向き…　　　角度…　　　〕

ア．120度　　イ．90度　　ウ．60度　　エ．30度

ヒント!!

3 (2) 1か月後の同じ時刻には、星は30度東から西に移動して見える。

ハイレベル総合問題 ▶▶▶ 星の動き

めざせ難関校!!

答えと解説…153ページ

1 下の図1は、日本のある場所で冬の空に見える星を表したものです。これについて、後の問いに答えなさい。　　　　　　　　　　　　＜六甲中改題＞

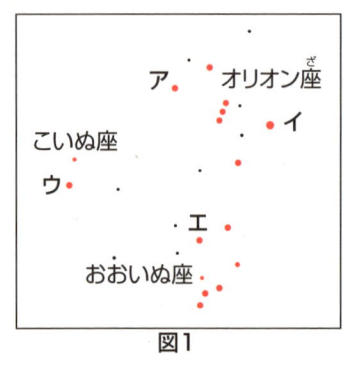

図1

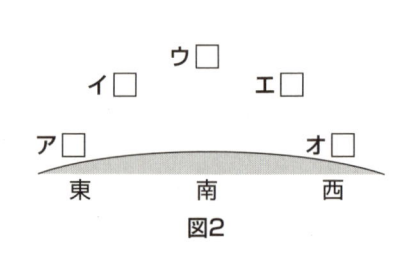

図2

(1) 図1のア〜エの星の名前を答えなさい。

　　ア…〔　　　　　　　〕　イ…〔　　　　　　　〕
　　ウ…〔　　　　　　　〕　エ…〔　　　　　　　〕

(2) 図1のア〜エのうち、もっとも明るい星はどれですか。〔　　　　〕

(3) 冬の大三角は、どの星を結んだ三角形ですか。ア〜エから3つ選びなさい。　　　　　　　　　　　　　　　　　　〔　　、　　、　　〕

(4) 図1のようにオリオン座が見えるのは、図2のア〜オのどの位置にきたときですか。〔　　　　〕

(5) ある日の午後10時にオリオン座が東の地平線からのぼってきました。この日から1か月後には、何時ごろにのぼってきますか。午前、午後をつけて答えなさい。〔　　　　時ごろ〕

(6) オリオン座の三つ星がのぼってからしずむまで約何時間ですか。

〔約　　　時間〕

ヒント!!

1 (4) オリオン座の三つ星のかたむきと、おおいぬ座ものぼっていることに注意する。
(5) 1日に **4分**ずつ、1か月では **120分＝2時間**早くなる。
(6) オリオン座の三つ星は、真東からのぼり真西にしずむ。

第1章 星の動き

2 星について、次の問いに答えなさい。　＜神戸女学院中改題＞

(1) あるとき、夏の大三角をつくっている星が頭上に見えました。この大三角が東の空にあったとき、どのような三角形に見えていましたか。次のア～ウから1つ選び、記号で答えなさい。　（　　　）

ア．頭上に見えたときと同じ三角形
イ．頭上に見えたときよりも細長い三角形
ウ．頭上に見えたときよりも正三角形に近い三角形

(2) あるとき、頭上（天頂）に星Aがあり、頭上より少し南の空に星Bがありました。また、この星AとBのちょうど真ん中に星Cがありました。この日、東の地平線からもっとも早く出てきたのはどの星ですか。
（　　　）

(3) あるとき、東の空に星Dと星Eがあり、その星を結んだ直線DEが地平線に対して垂直になっていました。次の文について、正しい文には○、まちがいの文には×を書きなさい。

① 星Dと星Eが南の空にきたとき、直線DEは地平線に垂直になっている。　（　　　）

② 星Dと星Eが西の空にきたとき、直線DEは地平線に垂直になっている。　（　　　）

(4) ある日、北の空の星Fと星Gを図1のようにスケッチしました。ただし、星Hは北極星です。別の日に観測すると、星Fと星Hが図2の位置に見えました。星Gの位置を図2にかきなさい。ただし、星Gは目もりの交点にありました。

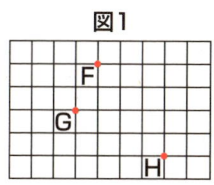

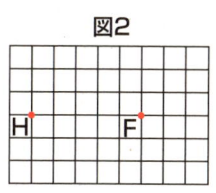

ヒント

2 (3) オリオン座の三つ星を思い出せばよい。三つ星の東、南、西の空でのかたむき方を参考にする。
(4) 星F、星G、星Hのおたがいの位置関係は変わらない。

第1章 星の動き

知っ得！情報　季節の代表的な星座

★春の星座
- **しし座**…青白い（白い）1等星レグルスをふくむ。
- **おとめ座**…青白い（白い）1等星スピカをふくむ。

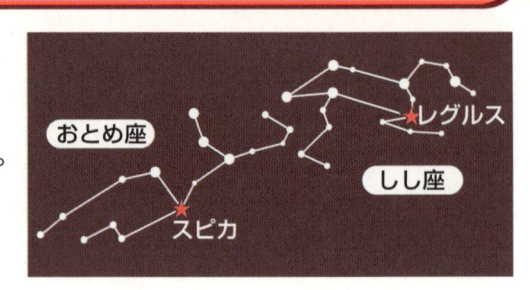

★夏の星座（※12～13ページ参照）
- **夏の大三角**…はくちょう座のデネブ、わし座のアルタイル、こと座のベガを結んでできる三角形。天の川付近に見られる。
  - デネブ → 1等星
  - アルタイル → 1等星、彦星
  - ベガ → 1等星、織り姫星
- **さそり座**…アンタレスという赤い色の1等星をふくむ。
  - → 南の空の低いところにS字形に並ぶ。

★秋の星座
- **ペガスス座**…頭上近くに、大きな四角形をつくる。
- **アンドロメダ座**…ペガスス座の四角形の1つの角の星と、それに続く星の列。アンドロメダ大星雲がある。

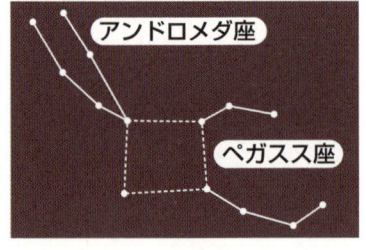

★冬の星座
- **冬の大三角**…オリオン座のベテルギウス、おおいぬ座のシリウス、こいぬ座のプロキオンを結んでできる三角形。
  - シリウス → 1等星、全天でもっとも明るい。
  - プロキオン → 1等星
- **オリオン座**…きれいに並んだ3つの星とこれを囲む4つの星。左上にベテルギウス、右下にリゲルをふくむ。

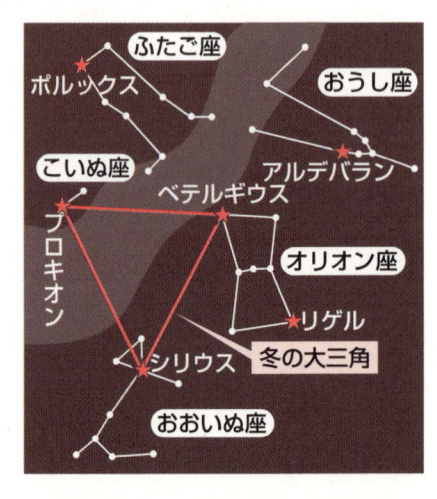

マメ知識　ふたご座のポルックス、おうし座のアルデバランも1等星。「**すばる**」とよばれるプレアデス星団（星の集まり）は、おうし座にある。

第2章 ▶▶▶ 太陽の動き

　星の動きはわかりましたか？　星は、地球が動くために動いて見えるのでしたね。太陽はどのように動くのでしょうか。この章では、太陽の動きについて学習します。星の動きと関連づけて考えてみましょう。

1 太陽の1日の動き ………………………………… 54

2 太陽の1年の動き ………………………………… 64

第2章 太陽の動き

1 太陽の1日の動き

1 太陽の1日の動き

…なんとか調べてこい！…ってリナわかる？助けてよ～！

わからなきゃ晩ごはんぬきだよ～！

無理、無理。わたしにわかるのはかたこりのツボくらいよ。

鑑定団にでも出したら？

まあ、写真を見てよ。同じ日にとった写真だってさ。つぼのキズ以外はまったく同じでしょ？

うーん…。そっくりね。

あれ？　この後ろの木、かげの向きがちがうわよ！

ホントだ！そういえば…

同じ日の午前10時にとったのが高いつぼで、午後2時のは安いつぼだって言ってた！

8月10日 10時撮影 高いつぼ
8月10日 14時撮影 安いつぼ

そっか！　かげは時間がたつと動くのよね？かげで撮影した時間がわかるんじゃない？

第2章 太陽の動き

…で、どっちが10時なの？

それはー…ど、どうだったかな？

あ、ポール博士ー！

わんっわんっ

……というわけなんだけど、このかげで写真の時刻がわかりますか？

うむ。かげが動くのは太陽が動くからだね。では、太陽はなぜ動くんだね？

それは…地球が動いているから？

そう。地球が西から東へ動くから、太陽は**東から西へ動く**ように見えるんじゃよ。

太陽が動いて見える向き

太陽

北極
地軸
西
東
南極
地球の自転の向き

【重要】

★**太陽の1日の動き（太陽の日周運動）**
地球が1日に1回、西から東へ**自転**しているため、太陽は東から西へ動いて見える。

くわしく 地球の自転…北極と南極を結んだ軸（地軸）を回転の軸とし、西から東へ（北極側から見て反時計回りに）、1日（24時間）で1回転する。

1 太陽の1日の動き

重要

太陽は東からのぼって、南の空を通り、西へしずんでいくんじゃ。

東　南　西

星が動いて見えるのと同じね。

では、かげはどう動くかな？

かげは太陽と反対側にできるから…

え〜っと

よし。研究所に新しい模型があるぞ。それでくわしく見てみようか。

これは地球上で太陽の動きを見る模型だよ。太陽のかわりにライトが動いていくんだよ。

じゃーん！

マメ知識　地球の自転によって、星や太陽の見かけの動き（**日周運動**）が生じ、昼と夜が交互にくる。また、潮の満ち干も自転によって生じている。

第2章 太陽の動き

まずは「日の出」。太陽が東の地平線から顔を出したよ。

西に長いかげができた。

昼に太陽が南の空にきたよ。この太陽が真南にきたときを「南中（なんちゅう）」というんだ。**重要**

北側にかげができた。ずいぶん短いかげね。

太陽が高くのぼるほど、かげは短くなるんだわ。

南中した後は西へ向かってだんだん低くなり、地平線にかくれてしまう。それが「日の入り」じゃ。

かげは東側に回って、だんだん長くなっていったね。

かげの動きは、西から北を通って東へいくのね。

マメ知識 日の出と日の入り…太陽のふちが地平線から出るときが日の出、太陽が地平線にしずみきったときが日の入りである。

1 太陽の1日の動き

とすると……この写真は南向きに置いてとったから方位はこうなって…

西向きのかげがあるこれは午前中にとったもので…

こっちが午後！このキズのあるほうが安いつぼなのね！

忘れないうちにメモ…って、写真の裏に書いてある……。

どうしたの？

は、博士！これは何？あはは、は…

だまっておこう♪

これは、太陽の高さをはかる高度計だよ。角度で高さを表すんだ。

太陽方向

地平線と平行な線

太陽高度A

分度器

おもり

AとaがAが同じ角度になるから、aが太陽の高度になるのね。

太陽を直接見てはいけないから、スクリーンにうつして使うよ。

わしが作ったんじゃ！

> **くわしく** 上の図で、交わっている直線の向かい合っている角度は等しい。よって、角B＝角b となり、A＝90°−B、a＝90°−bなので、A＝a。よってaは太陽高度を表す。

第2章 太陽の動き

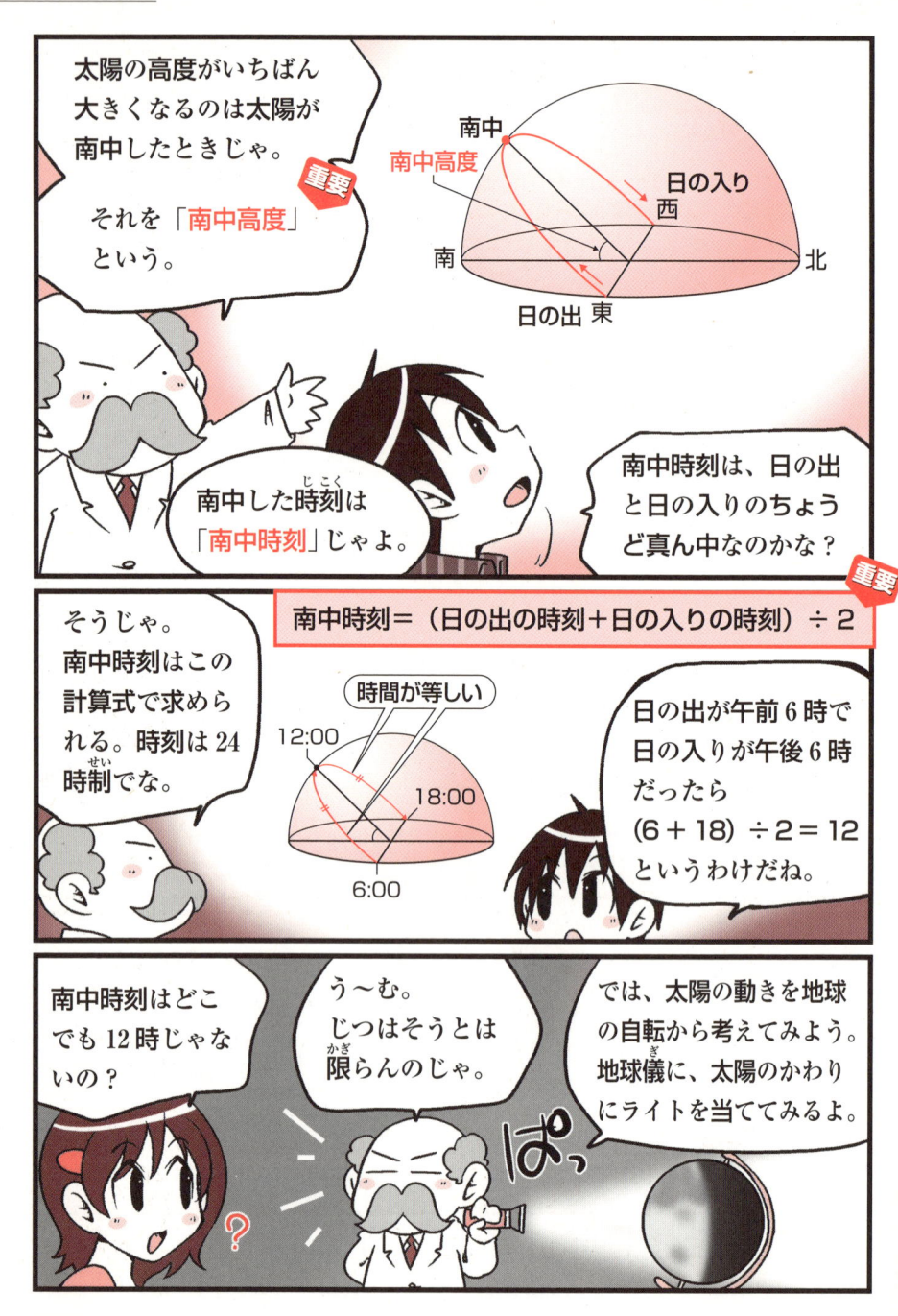

太陽の高度がいちばん大きくなるのは太陽が南中したときじゃ。

それを「南中高度」という。

南中した時刻は「南中時刻」じゃよ。

南中時刻は、日の出と日の入りのちょうど真ん中なのかな？

そうじゃ。南中時刻はこの計算式で求められる。時刻は24時制でな。

南中時刻＝（日の出の時刻＋日の入りの時刻）÷2

日の出が午前6時で日の入りが午後6時だったら
(6＋18)÷2＝12
というわけだね。

南中時刻はどこでも12時じゃないの？

う〜む。じつはそうとは限らんのじゃ。

では、太陽の動きを地球の自転から考えてみよう。地球儀に、太陽のかわりにライトを当ててみるよ。

くわしく **南中時刻**…日の出から南中までの時間と、南中から日の入りまでの時間は同じなので、日の出の時刻と日の入りの時刻の平均が、南中時刻となる。

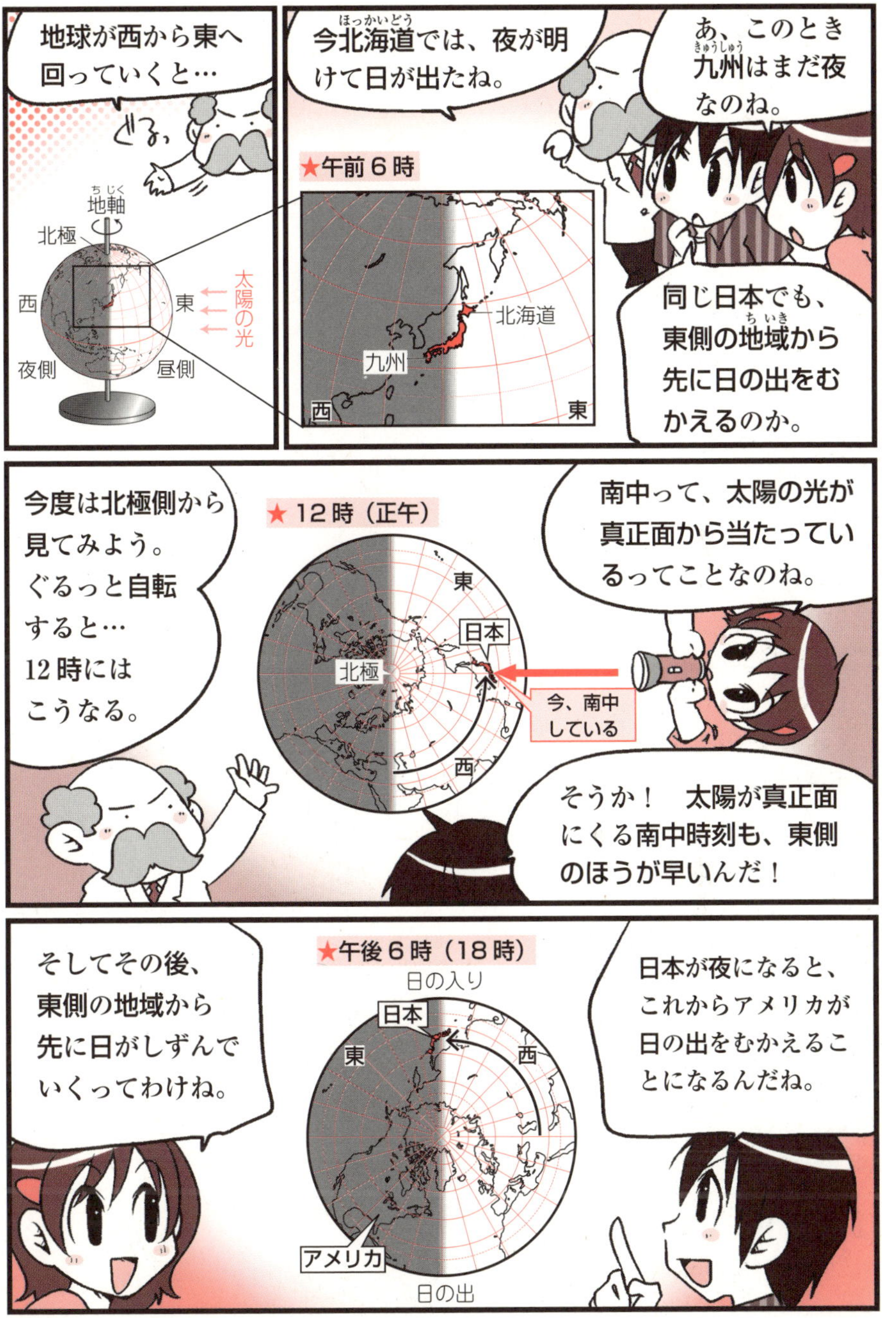

マメ知識▶ 地球は西から東へ自転しているので、地球から見ると太陽は東からのぼってくることになり、東の地域のほうが日の出の時刻が早い。

第2章 太陽の動き

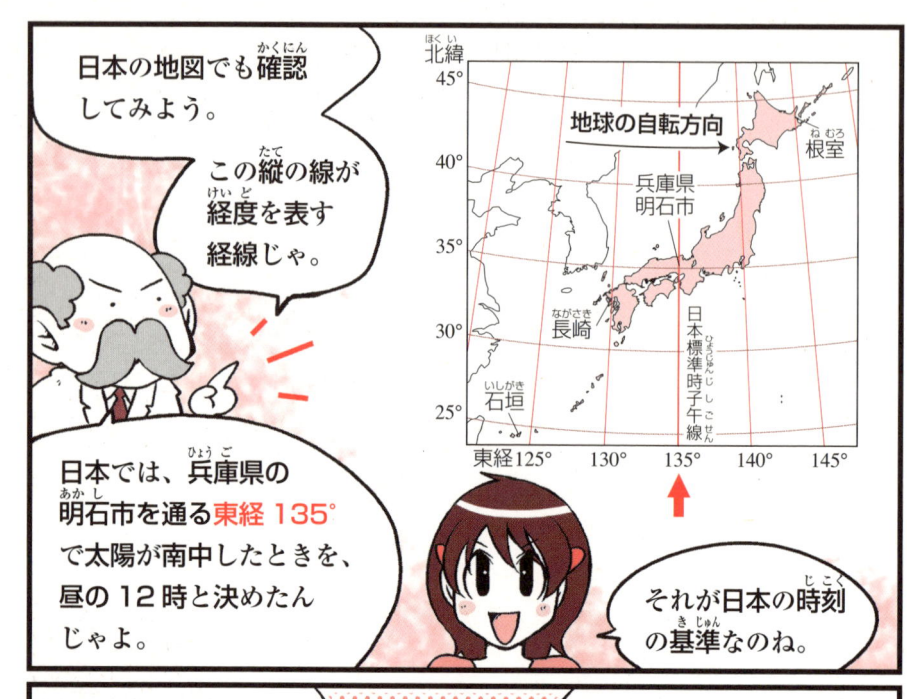

日本の地図でも確認してみよう。

この縦の線が経度を表す経線じゃ。

日本では、兵庫県の明石市を通る**東経135°**で太陽が南中したときを、昼の12時と決めたんじゃよ。

それが日本の時刻の基準なのね。

そうじゃ。だから、明石で太陽が12時に南中していても、ほかの地域で南中する時刻は12時ではないというわけじゃ。

根室では明石より早く南中しているから南中時刻は12時より前で、長崎では12時より後になるんだね。

問題
では問題。明石では12時に太陽が南中するが、長崎（東経130°）と根室（東経145°）の南中時刻は何時何分ですか？

地球は1日24時間で360°回転するから、1時間で15°太陽が動くことはわかるね。

マメ知識 ▶ 日本列島を東西の方向に見ると、東経135°が日本のほぼ中心になる。そのため、東経135°を基準とした時刻を使用すれば、日本では日常生活で不便が生じにくい。

1 太陽の1日の動き

ってことは60分で15°動くから、1°動くのには 60÷15=4 で4分かかるのか。

長崎は明石の5°西側にあるから、4分×5°=20分 おくれて、**12時20分**ね！

東経145°の根室は明石より10°東側だから、4分×10°=40分 早い**11時20分**だ。

正解！よくできたね。

明石 12:00
根室 11:20
長崎 12:20

さて、そろそろ帰らないと日が暮れるよ。秋は日が短いからね。

そういえば、秋になると夜がくるのが早いですよね。どうして？

それは…

ちょっと待った！すぐ人に聞く前にまず、このなぞを解きたまえ！

明日、解かないと宝は手に入らないよ！

ええー！

三本松から見わたせば
ゾウの親子あり
昼と夜が等しくなるとき
ゾウの口より入れ
12のかねが鳴るとき
ゾウの見つめる先に宝あり

たから？

くわしく 経度は、イギリスのロンドンにある旧グリニッジ天文台を通る子午線（経度0°）を基準として、そこから東、西にどれだけずれているかを角度で表したもの。

第2章　太陽の動き

2 太陽の1年の動き

おはよう！
なぞは解けた？

ううん。
でも、今日じゃないとだめって言ってたよなぁ…

三本松から見わたせば
ゾウの親子あり
昼と夜が等しくなるとき
ゾウの口より入れ
12のかねが鳴るとき
ゾウの見つめる先に宝（たから）あり

まず、三本松って東海岸にある松の木だと思うんだけど…。ゾウはいないよね。

とにかく三本松に行ってみよう！

ここだよね。

ゾウの親子は…

いた！
あの岩の中に入れってことね。

くわしく　太陽の日の出・日の入りの方位は、1年を通して見ると少しずつ移動（いどう）している。

2 太陽の1年の動き

くわしく 太陽の1日の動きを太陽の**日周運動**というのに対して、1年の動きを太陽の**年周運動**という。

第2章 太陽の動き

博士ー！ひどいじゃないですかぁー！！

たからって！空じゃない。

お〜来た来た〜。

うそではなかったじゃろ？

でも「昼と夜が等しくなるとき」ってどういうことだったの？

え!?それもわからずに宝を見つけたのかね？

今日は何の日だい？

ん？秋分の日だけど？

学校は休み…それが何か？

春分と秋分の日は、昼と夜の長さが同じ日なんだよ。

で？

ふーん…。

> **マメ知識** 地球の公転の速さは、毎秒29.8kmだが、1月初めごろではやや速く、7月初めごろではややおそくなる。

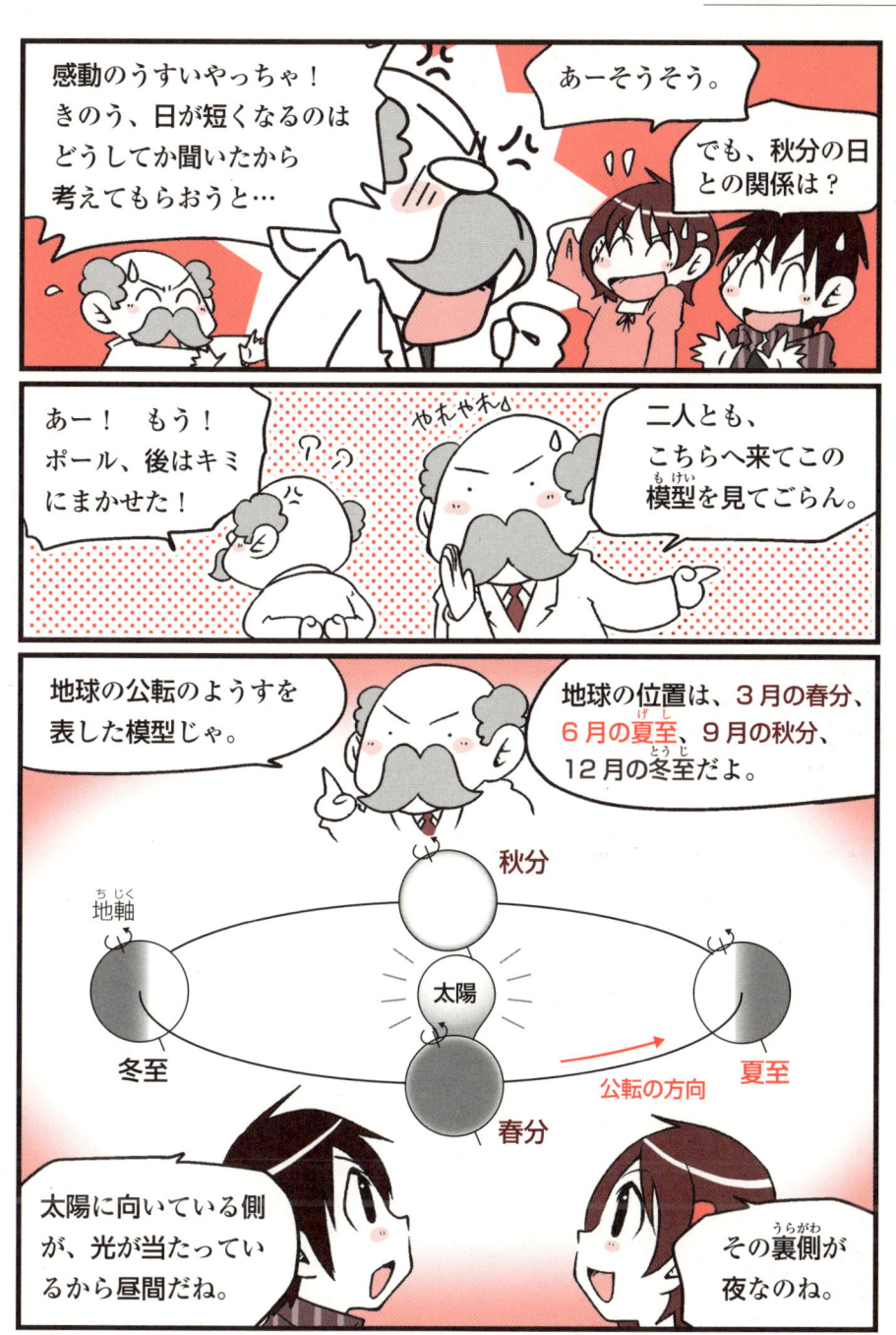

2 太陽の1年の動き

感動のうすいやっちゃ！
きのう、日が短くなるのは
どうしてか聞いたから
考えてもらおうと…

あーそうそう。

でも、秋分の日
との関係は？

あー！ もう！
ポール、後はキミ
にまかせた！

二人とも、
こちらへ来てこの
模型を見てごらん。

地球の公転のようすを
表した模型じゃ。

地球の位置は、3月の春分、
6月の夏至、9月の秋分、
12月の冬至だよ。

地軸

秋分

太陽

冬至

夏至

春分

公転の方向

太陽に向いている側
が、光が当たってい
るから昼間だね。

その裏側が
夜なのね。

マメ知識▶
春分の日…3月21日ごろ　　夏至の日…6月22日ごろ
秋分の日…9月23日ごろ　　冬至の日…12月22日ごろ

第2章 太陽の動き

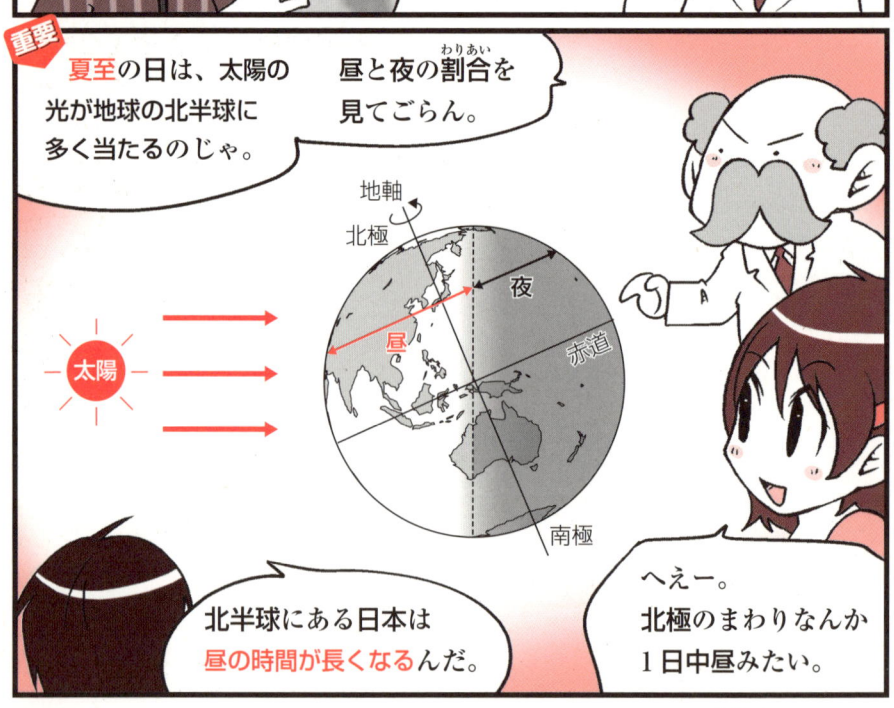

あれ、だめだなぁ博士。地軸がかたむいちゃってるよ。ちゃんとまっすぐ…

待て待て！それじゃ昼と夜がいつも同じ長さになってしまう！

ぐいぐい〜

ニキれる〜！！

え、どういうこと？

うむ。地軸がかたむいていると何がちがうか、1つ1つ見てみよう。まずは夏至のときじゃ。

重要

夏至の日は、太陽の光が地球の北半球に多く当たるのじゃ。

昼と夜の割合を見てごらん。

太陽　地軸　北極　夜　昼　赤道　南極

北半球にある日本は昼の時間が長くなるんだ。

へえー。北極のまわりなんか1日中昼みたい。

マメ知識 地軸を中心に地球が自転することから、昼と夜の長さの割合は、右の図のように表すことができる。

北極　昼の長さ　夜の長さ　南極

68

2 太陽の1年の動き

え？ 1日中昼なんてことあるの？

あるんじゃよ。北極のまわりには1日中かげにならない部分があるじゃろ？

かげにならない地域

◀夏至の地球を北側から見たようす

そのような場所では、太陽はしずまないことになる。この現象を「白夜（びゃくや）」というんじゃ。

へえ〜 太陽が横に動くだけで、ホントにしずまないんだ！

▲白夜の日の、太陽の連続写真

重要

そして冬至には太陽の光が南半球に多く当たる。

今度は、北半球の昼が短くなった！

地軸
北極
昼
夜
赤道
南極

太陽

冬至のときは、南極が白夜になって、北極はずっと夜なのね。

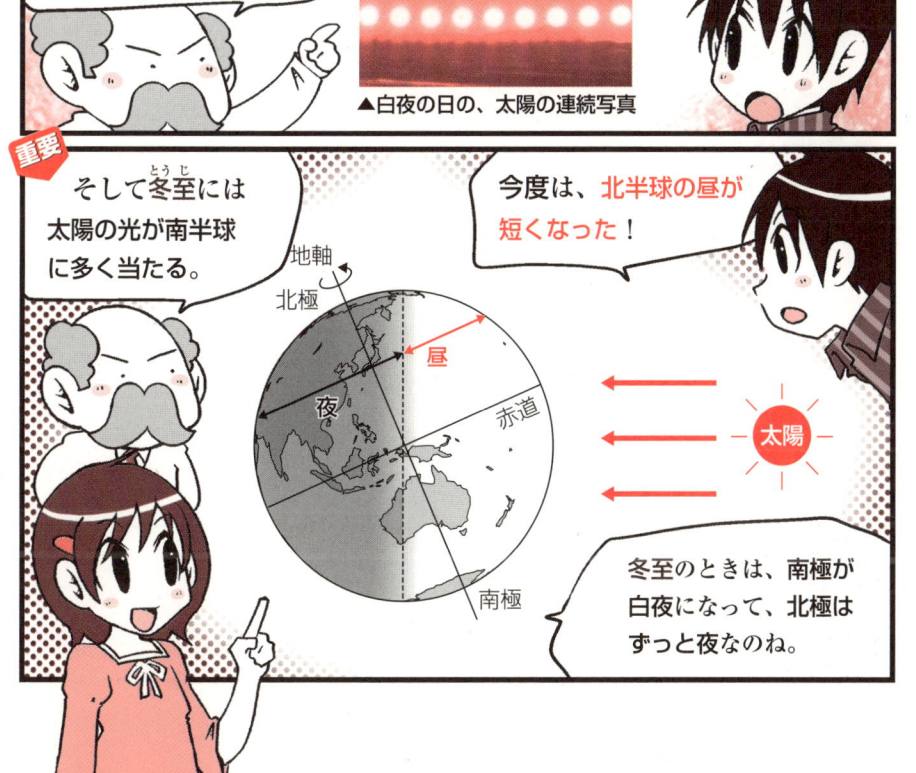

69

第2章 太陽の動き

どうじゃ？地軸のかたむきで、太陽の光の当たり方はずいぶんちがうじゃろ？

まっすぐ！

太陽

さっきヒカルくんがしようとしたように、地軸がまっすぐだったら、どうなる？

地球がどの位置にあっても、太陽は同じように当たるから…

同じ長さ

昼　夜

いつも半分ずつ光が当たって、昼と夜の長さは、1年中同じになっちゃうのね。

でも…春分と秋分の日に昼と夜の長さが同じになるのは、どう考えたらいいの？

それはじゃ！

この春分の日の地球を見てごらん。

秋分　冬至　太陽　夏至　春分

何食べてるのかしら…？

くわしく　同じ日本の中でも、昼の長さは場所によって異なる。夏は、北へ行くほど昼が長くなり、冬は南へ行くほど昼が長くなる。

2 太陽の1年の動き

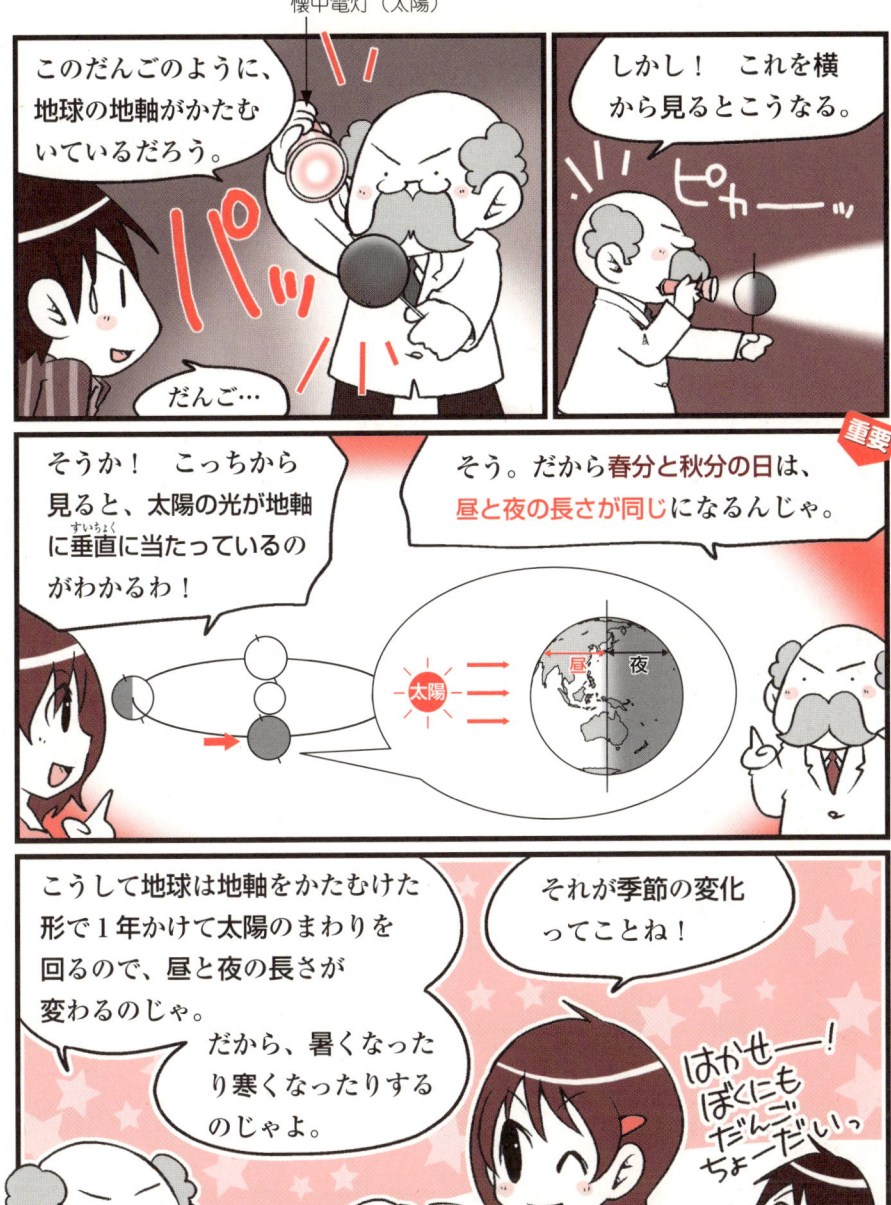

懐中電灯（太陽）

このだんごのように、地球の地軸がかたむいているだろう。

だんご…

しかし！ これを横から見るとこうなる。

ピカーッ

重要

そうか！ こっちから見ると、太陽の光が地軸に垂直に当たっているのがわかるわ！

そう。だから春分と秋分の日は、昼と夜の長さが同じになるんじゃ。

太陽　昼　夜

こうして地球は地軸をかたむけた形で1年かけて太陽のまわりを回るので、昼と夜の長さが変わるのじゃ。だから、暑くなったり寒くなったりするのじゃよ。

それが季節の変化ってことね！

はかせー！ぼくにもだんごちょーだいっ

マメ知識　**暑さ寒さも彼岸まで**…暑さも秋の彼岸（秋分の日の前後7日間）になればおさまり、寒さも春の彼岸（春分の日の前後7日間）になればやわらぎ、穏やかな気候になるという言い伝え。

第2章 太陽の動き

そう。**太陽のほうにかたむいているところが夏**になるというわけじゃ。

そうか! だから、北半球と南半球では季節が逆になるのね!

地軸
北極
冬
日本
赤道
オーストラリア
南極
夏

日本

オーストラリア

日本が冬のとき、南半球のオーストラリアでは夏か。

では、地球上にもどって太陽をながめてみよう。

夏至
春分・秋分
冬至
東　　南　　西
日の出　　　日の入り

春分と秋分、夏至、冬至のときの太陽の通り道は、こうなるよ。

日の出と日の入りの位置がずいぶんちがうのね。

通り道の長さは、昼の長さだね。冬至の昼が短いことがよくわかるよ。

> **くわしく** 南半球では、太陽は**東**から出て、**北**の空を通り、**西**にしずむ。日本が冬至の日、南半球では太陽が真北にきたときの太陽高度がもっとも高くなる。

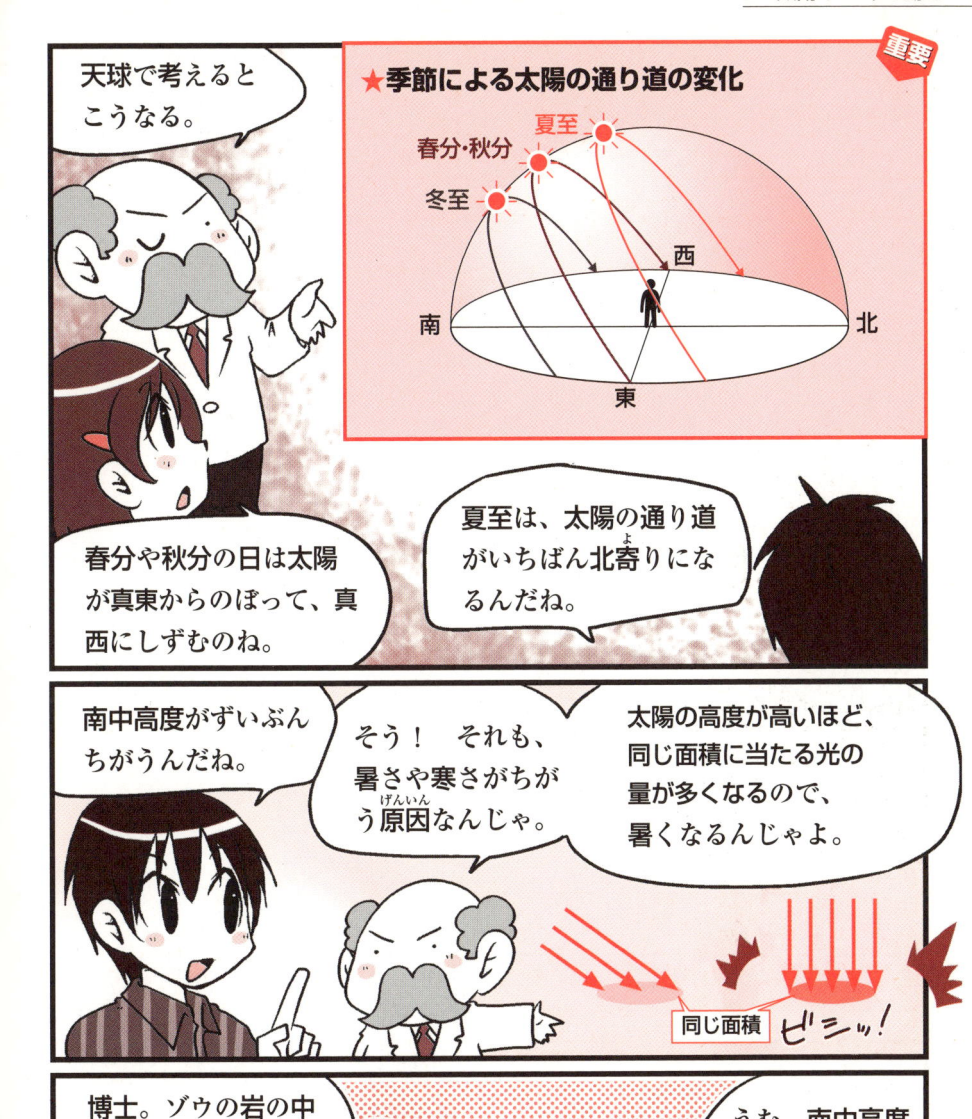

2 太陽の1年の動き

★季節による太陽の通り道の変化 重要

天球で考えるとこうなる。

春分や秋分の日は太陽が真東からのぼって、真西にしずむのね。

夏至は、太陽の通り道がいちばん北寄りになるんだね。

南中高度がずいぶんちがうんだね。

そう！ それも、暑さや寒さがちがう原因(げんいん)じゃ。

太陽の高度が高いほど、同じ面積に当たる光の量が多くなるので、暑くなるんじゃよ。

同じ面積　ビシッ！

博士。ゾウの岩の中に入ってきた光は、太陽高度を計算したの？

うむ。南中高度は君たちにも計算できるぞ。

くわしく **地表が受ける日光の量**…太陽高度が低いと、同じ量の日光が当たる面積が大きくなるため、地表面の一定面積あたりに当たる日光の量は少なくなる。

第2章 太陽の動き

春分と秋分の日は、太陽の光が地軸に垂直になるから、90°から観測地点の緯度を引いてやればよい。

★**太陽の南中高度**

春分・秋分の日の南中高度＝90°－緯度
夏至の日の南中高度＝90°－緯度＋23.4°
冬至の日の南中高度＝90°－緯度－23.4°

夏至の日は、それに地軸のかたむきである23.4°をたし、冬至では23.4°を引いて計算するんじゃ。

南中高度（90°－a°）　緯度a°　北極　赤道　南極　太陽の光

北緯35°の地点だったら、こういうことね。

春分・秋分＝90°－35°＝ 55°
夏　至＝90°－35°＋23.4°＝78.4°
冬　至＝90°－35°－23.4°＝31.6°

78.4°　55°　31.6°　南　西　東　北

数字で見てもずいぶん差があるのがわかるね。

差があるといえば、かげにも注目してみよう！

棒のかげを時間を追って観察してみるのじゃ。できたかげの先に印をつけて、その印を結んでみると…

8時　10時　12時　14時　16時
西ーーーーー●ーーーーー東
棒
〈真上から見た図〉

春分や秋分の日には直線になる。

くわしく　【日の出・日の入りの方向】　春分・秋分…真東からのぼり、真西にしずむ。
夏至…真東より約30°北寄りからのぼり、真西より約30°北寄りにしずむ。
冬至…真東より約30°南寄りからのぼり、真西より約30°南寄りにしずむ。

2 太陽の1年の動き

夏至、冬至、春分・秋分のときのかげの記録を並べてみよう。

A、Bのどちらが夏至でどちらが冬至かわかるかな。

えーと。夏至は北寄りに太陽が通るから、かげは南寄り。太陽の南中高度が高いからかげが短い。だからBが夏至ね！

じゃ、北寄りの長いかげAが冬至だね。冬は太陽の高度が低いからね。

太陽の動きって何だか神秘的ね。

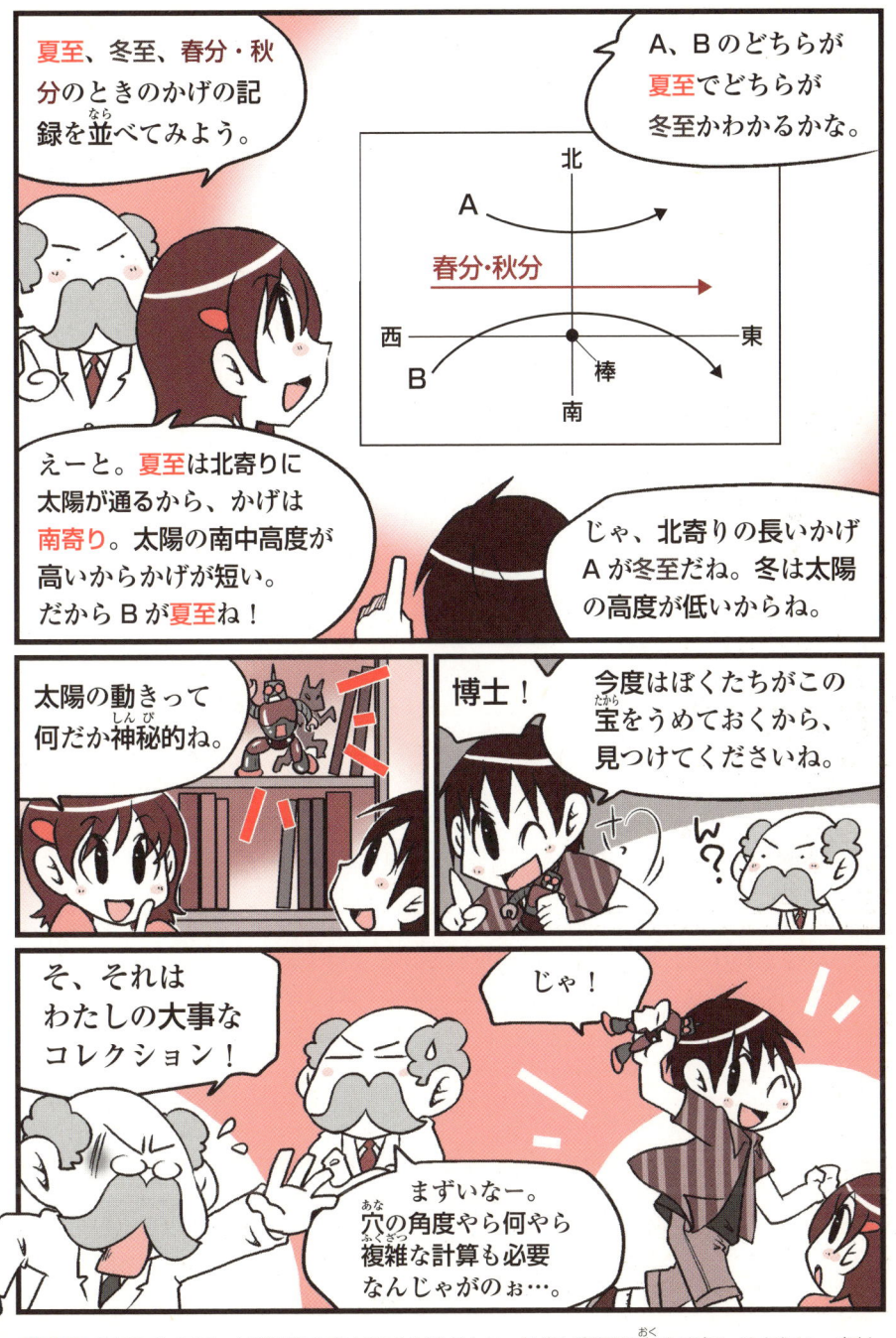

博士！今度はぼくたちがこの宝をうめておくから、見つけてくださいね。

そ、それはわたしの大事なコレクション！

じゃ！

まずいなー。穴の角度やら何やら複雑な計算も必要なんじゃがのぉ…。

くわしく 夏の正午には、太陽は頭の真上近くを通るため、日光は部屋の奥までさしこまない。冬は、正午になっても太陽は南の低いところを通るので、部屋の奥まで日光がさしこむ。

重要ポイントのまとめ ▸▸▸ 太陽の動き

1 太陽の1日の動き

基本 ● 太陽は**東**からのぼり**西**にしずむ。
→地球の**自転**による動き。

● **太陽の高度**…太陽を見上げる角度。

基本 ● **南中**…太陽が南北と天頂を通る円周上にきたとき。

● **地球上での時刻**…太陽の光が正面から当たるときが**正午**。

● **地球上での方角**…北を背にして南を向いて立ったとき、**左が東、右が西**になる。

※南中高度は1日のうちでもっとも高い。

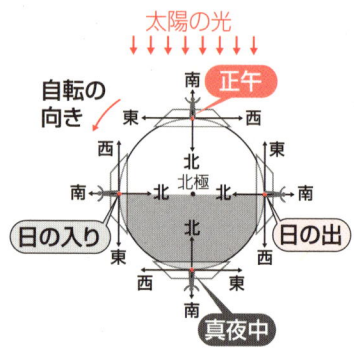

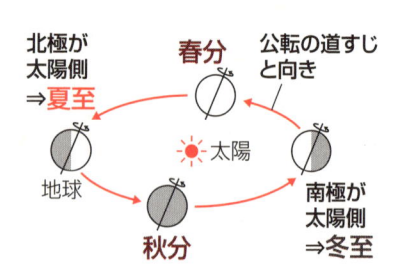

2 太陽の1年の動き

重要 ● 地軸を公転面に対して**かたむけたまま**、地球が太陽のまわりを**公転**している。
→**季節の変化**が生じる。

重要 ● **夏至**…南中高度→1年中で**最高**。昼の長さ→**最長**

● **冬至**…南中高度→1年中で**最低**。昼の長さ→**最短**

● **春分・秋分**…昼と夜の長さが**ほぼ等しい**。

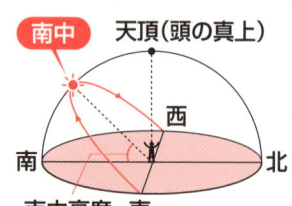

> **ここに注意！** 日本標準時
>
> 日本では、**兵庫県明石市**を通る**東経135°**で太陽が南中したときを正午として時刻が決められている（日本標準時）。明石市より東の地点では正午より早く、西の地点では正午よりおそく太陽が南中する。

第2章　太陽の動き

基本例題で確認

まんがのおさらい ▶▶▶

右の図は、日本のある場所で3月20日、6月20日、12月20日に観測した太陽の通り道を透明半球上に記録したものです。

(1) 6月20日と12月20日の太陽の通り道を正しく示しているのはア〜ウのどれですか。

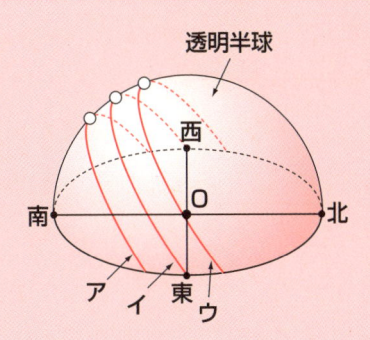

(2) 昼間の長さが1年中でもっとも長い日の太陽の通り道に、いちばん近いのはア〜ウのどれですか。

(3) 9月20日に太陽の通り道を記録すると、ア〜ウのどれにいちばん近いですか。

解き方 ▶▶▶

(1) ①6月20日は**夏至**、12月20日は**冬至**に近い日です。
　　②**夏至**の日には、太陽はもっとも**北寄り**からのぼり、もっとも**北寄り**にしずみます。**冬至**の日には、太陽はもっとも**南寄り**からのぼり、もっとも**南寄り**にしずみます。

(2) ①昼間の長さ（太陽が出ている時間）が1年中でもっとも長いのは、**夏至**の日です。
　　②**夏至**の日には、太陽はもっとも**北寄り**からのぼります。

(3) ①9月20日は**秋分**の日のころです。
　　②**秋分**の日の太陽の動きは、**春分**の日と同じで、**真東**からのぼり**真西**にしずみます。

答え　(1) 6月20日…**ウ**　12月20日…**ア**　(2) **ウ**　(3) **イ**

入試問題に挑戦!! 太陽の動き

1 かげの動きの問題

図1のように、日本のある場所で水平な地面に垂直に棒を立て、ある日の棒のかげの先の動きを観察しました（図2）。　　＜淳心学院中改題＞

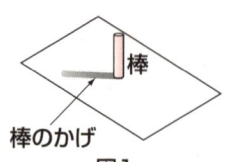

図1

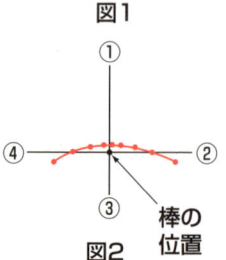

図2

(1) 図2で東の方位は①〜④のうちどれですか。　〔　　　〕

(2) 観察を行った日はいつごろですか。次のア〜エから1つ選び、記号で答えなさい。
　　　　　　　　　　　　　〔　　　〕

ア. 1月　　イ. 3月　　ウ. 7月　　エ. 10月

(3) 同じ観察を12月に行うと、棒のかげの先たんは下の図のア〜オのうち、どのように動きますか。　〔　　　〕

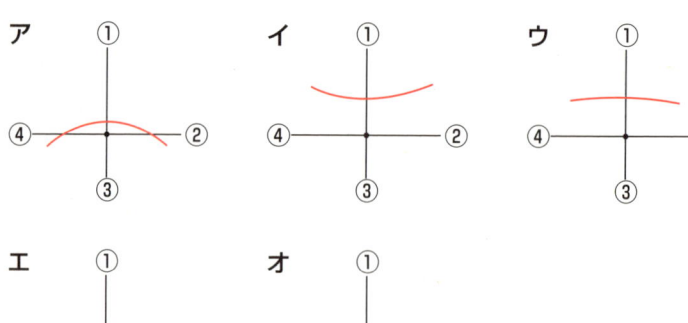

ア　　イ　　ウ

エ 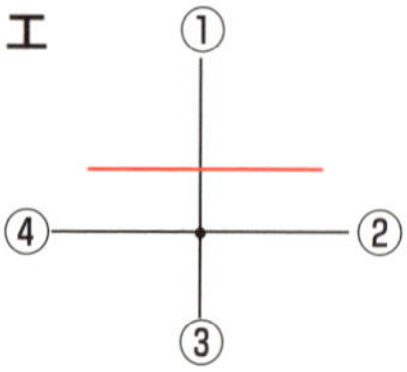　　オ

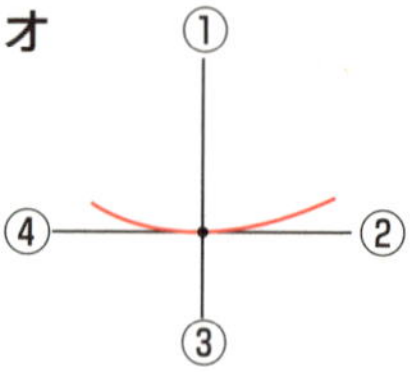

> **ヒント!!**
> **1** (1) かげの曲線の両はしが東西の線をこえるのは夏至のころ。

第2章 太陽の動き

答えと解説…154ページ

2 太陽の1年の動きの問題

図1は、太陽のまわりを公転する地球の春分、夏至、秋分、冬至のときの位置を表したものです。

<城北中改題>

図1

(1) 日本が夏至のときの地球の位置は、**ア～エ**のどれですか。

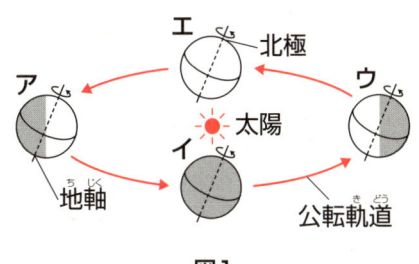

〔　　　〕

(2) 日本で、昼の長さがもっとも短くなるときの地球の位置は、**ア～エ**のどれですか。

〔　　　〕

(3) 北半球にある北京(ペキン)で図2のような道すじを太陽が通ったとき、赤道付近の場所における太陽の通り道はどのようになりますか。次の**ア～カ**から1つ選び、記号で答えなさい。

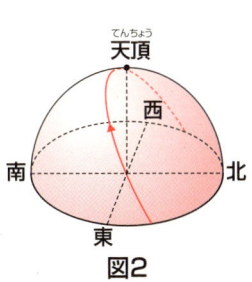

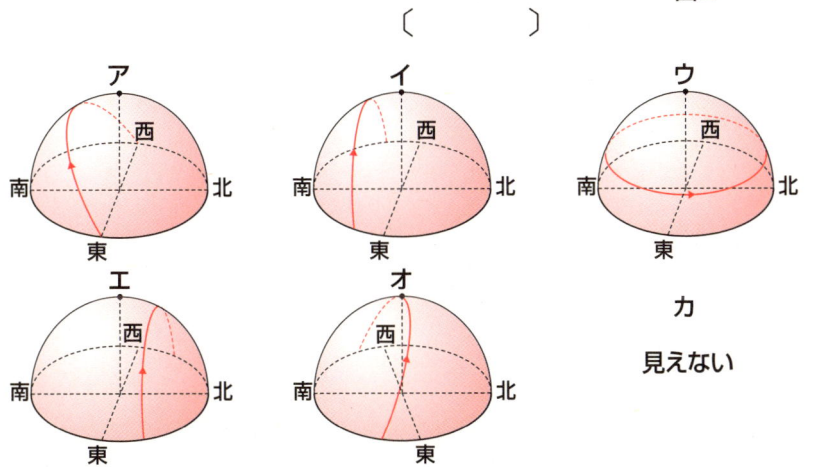

図2

〔　　　〕

ア　イ　ウ

エ　オ　カ 見えない

めざせ難関校!! ハイレベル総合問題 ▶▶▶ 太陽の動き

答えと解説…154ページ

1 下の表は、ある日の日本国内6つの地点における、日の出・日の入りの時刻、および南中時刻と南中高度について調べたものです。

<奈良学園中改題>

観測地点	日の出時刻	日の入り時刻	南中時刻	南中高度
A	4:42	19:14	11:58	78.8度
B	4:59	19:31	12:15	
C	4:30	19:14		76.7度
D	4:53	19:19	12:06	79.9度
E	4:30	19:06	11:48	78.2度
F	4:45	19:11	11:58	79.9度

(1) 調べたのはいつごろと考えられますか。次のア～エから1つ選び、記号で答えなさい。 〔　　〕

ア．3月ごろ　イ．6月ごろ　ウ．9月ごろ　エ．12月ごろ

(2) 観測地点Cにおける南中時刻を求めなさい。

〔　　：　　〕

(3) 観測地点Bにおける南中高度は何度ですか。次のア～エから1つ選び、記号で答えなさい。 〔　　〕

ア．76.7度　イ．78.2度　ウ．78.8度　エ．79.9度

(4) 観測地点の中で、もっとも東に位置するのはどこですか。〔　　〕

ヒント!!

1 (1) 昼の長さを計算すると、A～Fの地点のどこも14時間以上となっている。

(2) 南中時刻＝(日の出の時刻＋日の入りの時刻)÷2で求められる。

(3) 緯度が等しい地点では、南中高度も等しい。緯度が等しい地点では、昼間の長さが等しくなる。

(4) 南中時刻は、東の地点ほど早くなる。

第2章 太陽の動き

2 埼玉県内のある場所で、図1のように水平な地面に垂直に棒を立て、地面にできたかげの方向と長さを調べました。＜城北埼玉中改題＞

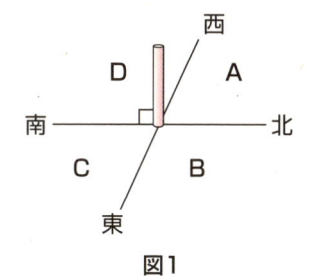

(1) 棒のかげの長さがもっとも短くなる時刻を次の**ア〜ウ**から、そのときの太陽の方位を次の**エ〜カ**から選び、記号で答えなさい。

ア. 正午ちょうど　　**イ**. 正午より前
ウ. 正午より後
エ. 真南　　**オ**. 真南より東側　　**カ**. 真南より西側

時刻…〔　　　　〕　方位…〔　　　　〕

(2) 6月下旬の日の出から日の入りまでの間、棒のかげが通過する区域を、A〜Dからすべて選びなさい。　〔　　　　〕

(3) 図1の棒とかげの長さから、太陽の高度（図2の角度X）を図3の分度器と方眼紙を重ねたものを使って調べました。

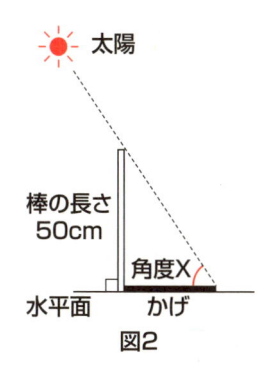

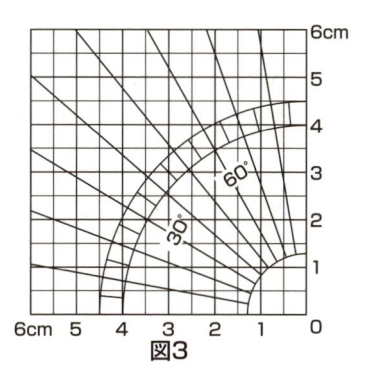

① かげの長さが40cmのとき、太陽の高度は何度ですか。次の**ア〜エ**からもっとも近いものを選び、記号で答えなさい。　〔　　　　〕

ア. 40°　　**イ**. 51°　　**ウ**. 56°　　**エ**. 63°

② 太陽の高度が30°のとき、かげの長さは何cmになりますか。次の**ア〜エ**からもっとも近いものを選び、記号で答えなさい。　〔　　　　〕

ア. 29cm　　**イ**. 43cm　　**ウ**. 87cm　　**エ**. 93cm

第2章 太陽の動き

知っ得！情報　北極・南極と赤道での太陽の動き

★**地球から見た太陽**…地球を中心に考えると、太陽光の方向は左下の図のように季節によって変わる。**春分・秋分**の日は、**赤道に垂直**に日が当たり、日本での**夏至**の日は**北寄り**、**冬至**の日は**南寄り**から日が当たる。すると、北極や南極、赤道での太陽の動きは、それぞれ次のようになる。

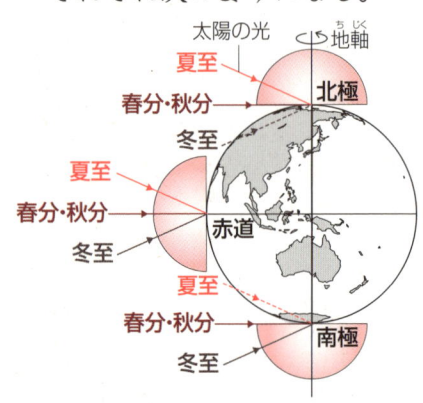

▲地球を中心とした、季節ごとの太陽の光の当たり方

★北極

太陽は、地平線に平行に**反時計回り**（下図の矢印の向き）に動く。**春分・秋分**の日は地平線上を動き、**夏至**の日は23.4度の高さを動く（**白夜**となる）。冬至の日は、1日中地平線の下にしずんだまま、夜が続く。

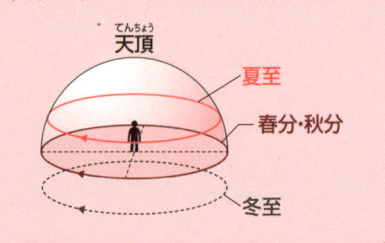

★赤道

太陽は、1年中地平線から**垂直にのぼり、垂直にしずむ**。春分・秋分の日は、真東から垂直にのぼって真西に垂直にしずみ、日本が**夏至**の日は北寄り、冬至の日は南寄りを通る。

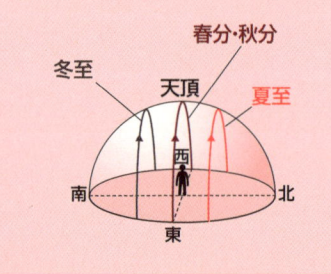

★南極

太陽は、地平線に平行に**時計回り**（北極とは反対回り）に動く。**春分・秋分**の日は地平線上を動き、日本が**冬至**の日は23.4度の高さを動く（**白夜**となる）。**夏至**の日は、1日中地平線の下にしずんだまま、夜が続く。

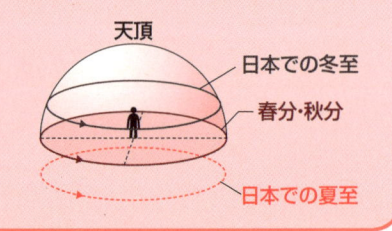

第 3 章 ▶▶▶ 月の動き・月食

　月は星や太陽とはちがい、満ち欠けをします。この満ち欠けは、なぜ起こるのでしょうか。この章では、月の動きや満ち欠け、神秘的(しんびてき)な現象、月食・日食などについて学習します。

1 月の動きと満ち欠け ………………………… 84

2 月食・日食と惑星(わくせい) ………………………… 98

第3章 月の動き・月食

1 月の動きと満ち欠け

おーい。お月見祭り行かないのー？

もちろん行くわ！待っててー！

はい。お待たせ〜！

お、ゆかただね。でもそのひもは何？

たすきよ！わたあめ食べて、金魚すくいするのにそでがじゃまじゃない！

おしゃれってわけじゃないのか。

ばしゃ きーッとれなーい!!

おーい！せっかくのお月見だ。こっちで月を見てごらん。

くわしく　月の大きさ…直径約3500km（地球の約4分の1の大きさ）
地球から月までのきょり…約38万km

1　月の動きと満ち欠け

ここから月がよく見えるよー！

くーっ 金魚に負けた〜！

リナ！ 行くぞ。

何やってんだよ

わあきれいな満月！

双眼鏡で見るとでこぼこしたクレーターがよく見えるぞ！

あの月に、人類が行ったんだよね。

おおっ！アポロ11号のアームストロング船長の足あとが！

えーっ 見せて見せて！

用語 **クレーター**…月の表面にたくさん見える円形のくぼみ。いん石のしょうとつによってできたと考えられている。

第3章 月の動き・月食

うそじゃよ！そんな小さなところまでは見えんよ。

なーんだ。

まあまあ。ほれ、見てみるといいぞ。

ありがと！

月の模様（もよう）って、いつも同じなの？

そうじゃ。月はいつも同じ面を地球に見せているんじゃよ。

うさぎの模様がある面ね。

月は地球のまわりを公転している衛星（えいせい）という天体じゃ。

月は地球のまわりを1周する間に、**1回自転している**のじゃ。

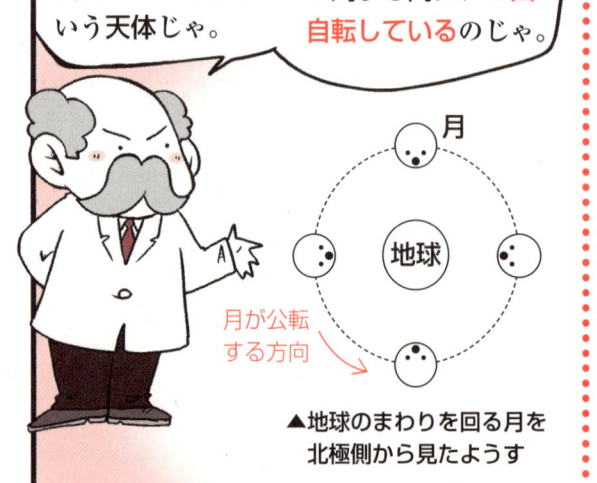

月

地球

月が公転する方向

▲地球のまわりを回る月を北極側から見たようす

もし月が自転していなかったら、いろいろな面が地球から見えることになってしまうのだ。

このようにはならないぞ。

地球

×

マメ知識 ▶ 月面の黒く見える部分は**海**とよばれる。月の海には水はなく、濃い色の岩でおおわれた平原である。白く見える部分は**高地**（陸）とよばれる。

1 月の動きと満ち欠け

月が地球のまわりを回るのに何日かかるの？

約27.3日間じゃ。

1か月じゃないのね。

じつは1か月というのは、月の満ち欠けの周期からきたものなんじゃ。

そういえば、昔の人は月の形を見て日にちを数えていたって聞いたわ。

満月から次の満月までが約29.5日じゃ。地球が公転していることで、月の公転周期と満ち欠けの周期にずれが出てしまうのじゃよ。

月　地球

どうして、月は満ち欠けをするのかな？

うむ。では明日、天文台でちゃんと教えてあげよう。

マメ知識 太陰暦…月の満ち欠けを基準にしてつくられたこよみ。月の満ち欠けの周期は約29.5日なので12か月では約354日となり、現在使われている太陽暦より約11日短い。

第3章 月の動き・月食

こんにちは博士ー！

また新しい模型（もけい）？

やあ、待ってたよ。

これは上から見るのかな？

下の模型は、真ん中が地球で、そのまわりに月を置いたものじゃよ。

こんなぐあいに、月は地球のまわりを29.5日かけて回る間に、満ち欠けをするんじゃ。
月をたくさん置いたのは、太陽の光の当たり方を見るためじゃよ。

太陽の光？

あっ、そうか。月は太陽の光を反射（はんしゃ）して光っているんだね。

マメ知識 月は太陽の光を反射して光って見えている。満月の明るさは−12.6等級で、太陽の約50万分の1の明るさである。火星や金星に比べて、約1万倍明るい。

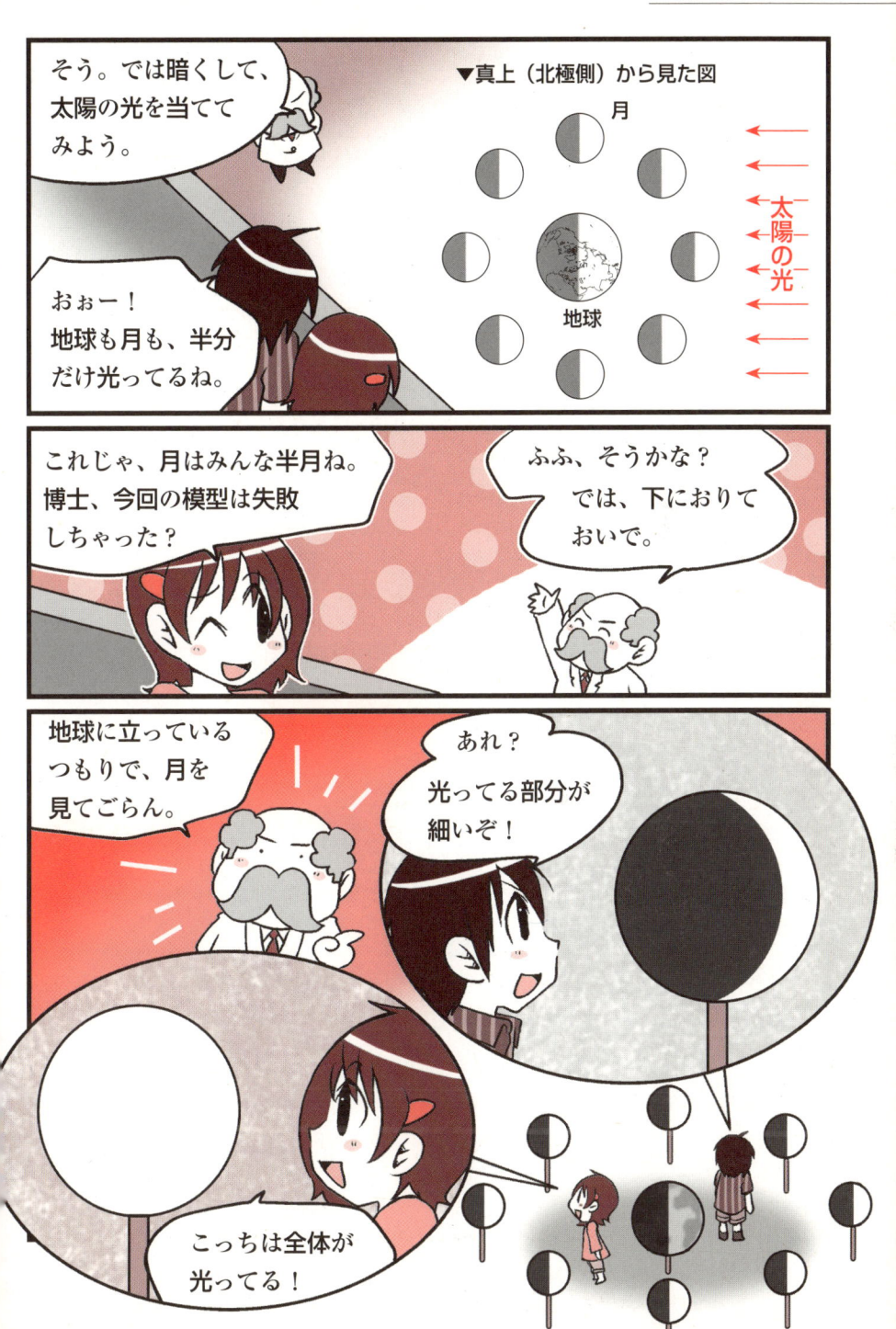

1 月の動きと満ち欠け

そう。では暗くして、太陽の光を当ててみよう。

▼真上（北極側）から見た図
月
太陽の光
地球

おぉー！地球も月も、半分だけ光ってるね。

これじゃ、月はみんな半月ね。博士、今回の模型は失敗しちゃった？

ふふ、そうかな？では、下におりておいで。

地球に立っているつもりで、月を見てごらん。

あれ？光ってる部分が細いぞ！

こっちは全体が光ってる！

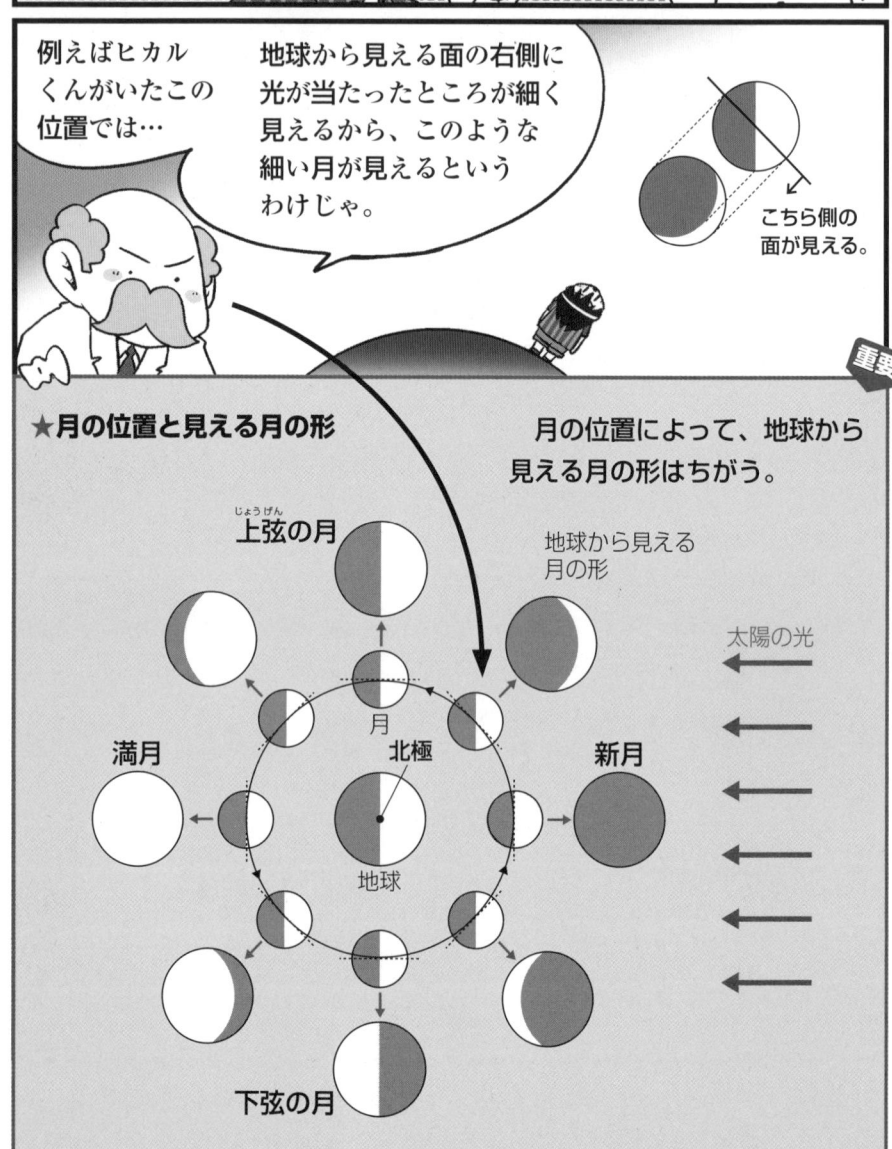

第3章 月の動き・月食

わかった！月を見る角度がちがうから、見え方がちがうんだ！

そういうことじゃ。

例えばヒカルくんがいたこの位置では…

地球から見える面の右側に光が当たったところが細く見えるから、このような細い月が見えるというわけじゃ。

こちら側の面が見える。

重要

★月の位置と見える月の形

月の位置によって、地球から見える月の形はちがう。

上弦の月

地球から見える月の形

太陽の光

満月

月

北極

新月

地球

下弦の月

1 月の動きと満ち欠け

地上で見ていると、右側から満ちてきて、三日月、上弦の月になり、満月になる。

そして右側から欠けていって下弦の月になり、また新月になるんじゃ。

新月 → 上弦の月 → 満月 → 下弦の月 → 新月

月は右側から太っていき、右側からやせていく。

この満ち欠けの周期が約29.5日なのね。

月を毎日見ていると、1日でずいぶん形が変わるのがわかるはずじゃ。

うーん。いまいちわからないなー…。博士、新月っていうのは、夜に出ることはないの？

ヒカルくん、新月というのは、太陽と同じ方向にある月のことじゃよ。

新月の月の位置
地球　太陽

マメ知識　月齢…新月から経過した日数を月齢という。月齢は月の形の目安となる。新月の月齢は0、三日月は3、上弦の月は7、満月は15、下弦の月は22くらいである。
→月の満ち欠けの速さは一定でないため、月齢は少し変動する。

第3章 月の動き・月食

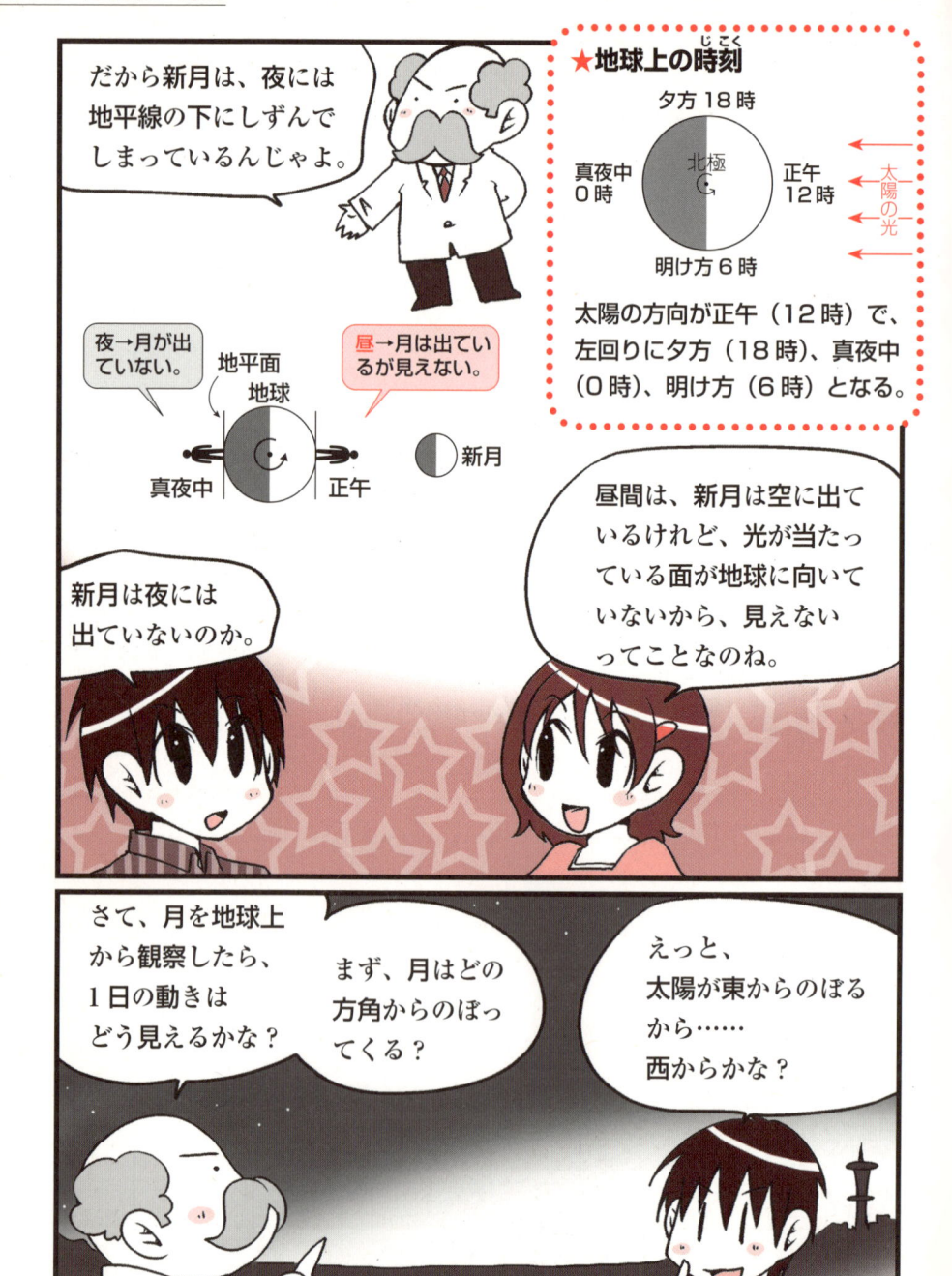

★地球上の時刻

太陽の方向が正午（12時）で、左回りに夕方（18時）、真夜中（0時）、明け方（6時）となる。

だから新月は、夜には地平線の下にしずんでしまっているんじゃよ。

夜→月が出ていない。
昼→月は出ているが見えない。

地平面
地球
真夜中　正午
新月

新月は夜には出ていないのか。

昼間は、新月は空に出ているけれど、光が当たっている面が地球に向いていないから、見えないってことなのね。

さて、月を地球上から観察したら、1日の動きはどう見えるかな？

まず、月はどの方角からのぼってくる？

えっと、太陽が東からのぼるから……西からかな？

> **マメ知識** 月での1日（月で太陽が南中してから次に南中するまでの期間）は約29.5日である。よって月面上では、昼が約14.8日続いた後、約14.8日間夜が続く。
> → 29.5 ÷ 2 = 14.75

1 月の動きと満ち欠け

バッカモーン!!太陽がどうして東からのぼるのか忘れたのかー!

地球の自転の向きは変わらんぞ!

あっ、そうか。月も、地球が自転しているから動いて見えるのか。

太陽と同じに東からのぼる…ですね。

では、視点を変えて地上から月の出るようすを見てみよう。

今日は満月じゃ。

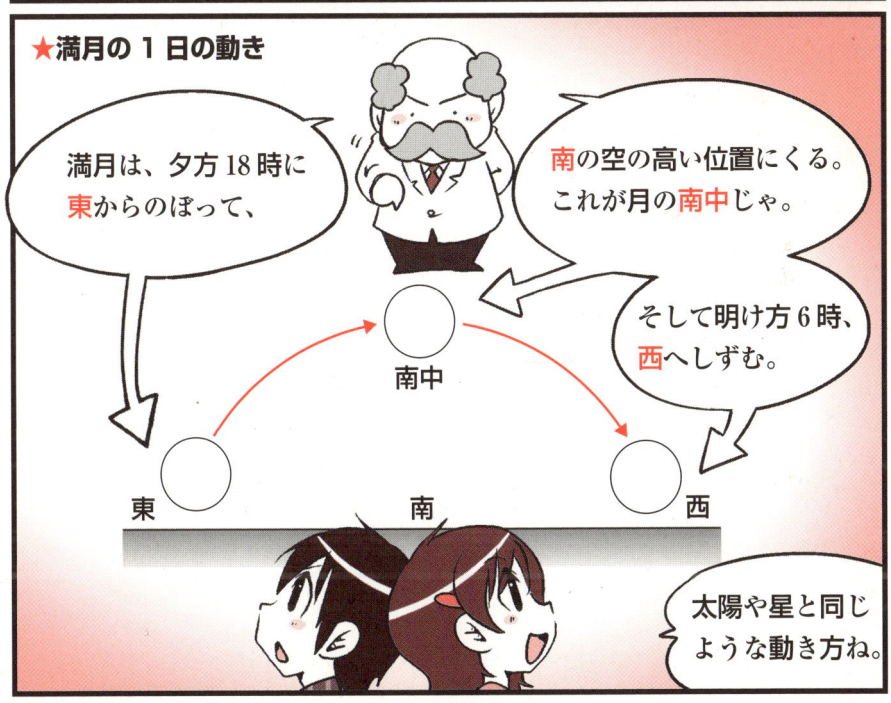

★満月の1日の動き

満月は、夕方18時に東からのぼって、

南の空の高い位置にくる。これが月の南中じゃ。

そして明け方6時、西へしずむ。

東　　　南　　　西
　　　　南中

太陽や星と同じような動き方ね。

マメ知識 月の出・月の入り…月の出入りの時刻は、太陽とはちがい、月の中心が地平線にかかったときの時刻である。

地平線　中心
月の出　　月の入り

第3章 月の動き・月食

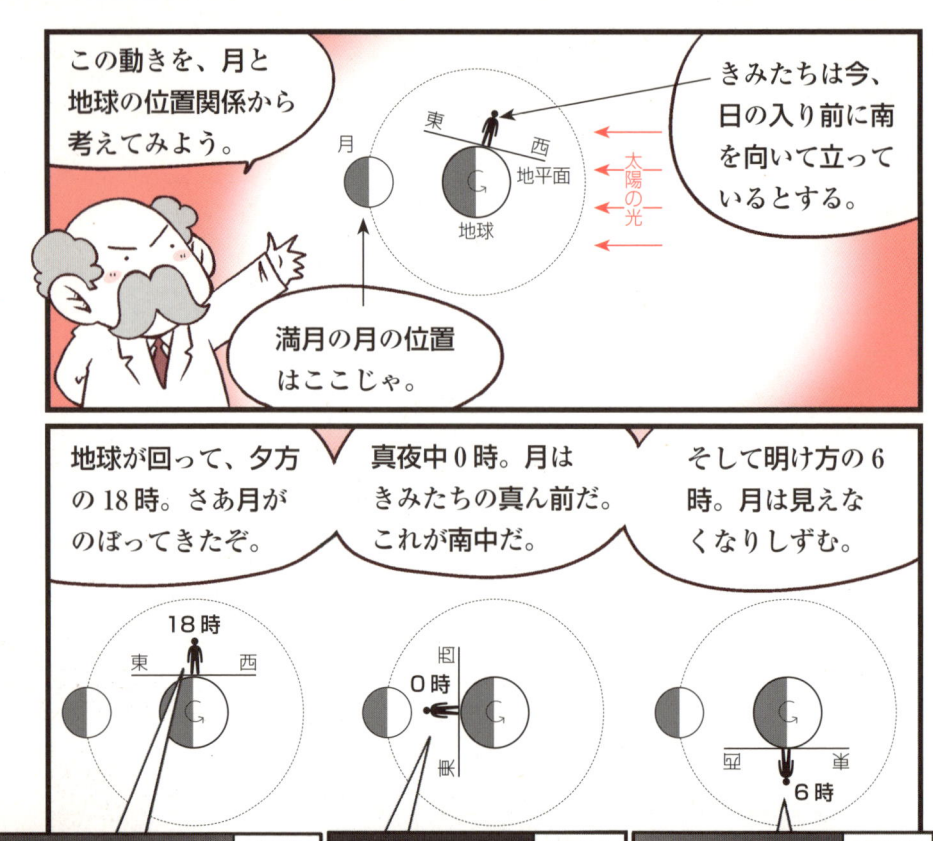

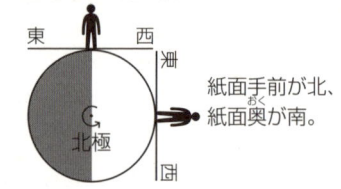

1　月の動きと満ち欠け

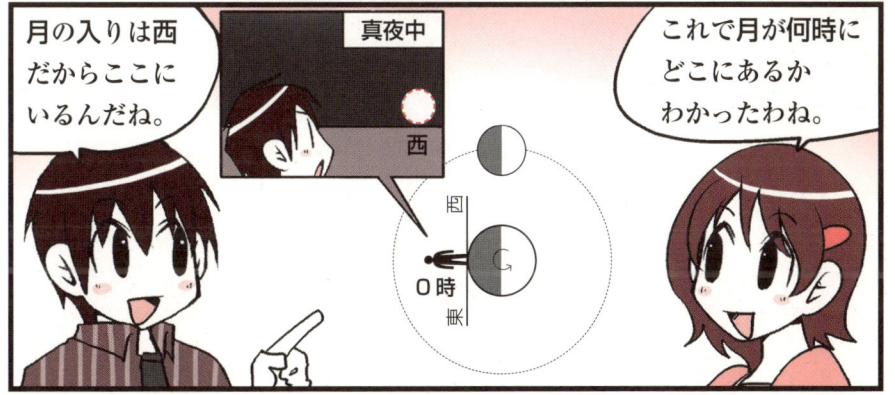

ではきみたちに問題だ。上弦の月はどんなふうに動いて見えるかな？自分の見る位置を図にかいて考えてごらん。

えーと…上弦の月は右側が光っている月だからこの位置ね。

月の出は…東に月が見えてきたときだから

ここに立っているときね！

12時　正午

この位置に月が見える。　東

南中するのは真正面だからここだ。

夕方　南

18時　東　西

月の入りは西だからここにいるんだね。

真夜中　西

0時

これで月が何時にどこにあるかわかったわね。

マメ知識 上弦・下弦の月…月の入りのとき半月の直線の部分が上にくる月を上弦の月、下にくる月を下弦の月と覚えるとよい。

上弦の月　下弦の月　地平線

95

第3章 月の動き・月食

東からのぼって南中して西にしずむ。だからこんな感じかな。

う〜む。位置はいいんじゃが、この2つは×じゃ！

おしいっ！

18時
×　12時
0時　×
東　南　西

あ！ 12時はお昼だから月は見えない!?

昼間明るくても、月は白っぽく見えているよ。

月がかいてあること自体はまちがいではない。

ではヒント。昼間月が見えたとき、月と同じ方向にある建物をよく観察してごらん。

月のかげのでき方と建物のかげは同じようになっているはずじゃ。

同じ方向から太陽の光が当たっているからじゃよ。

> **マメ知識** 同じ時刻に見える月の位置…同じ時刻に見える月は、月と地球の公転によって1日に約12°ずつ西から東へずれる。そのため、月の出の時刻は、前日より約48分おそくなる。
> （114ページ参照）

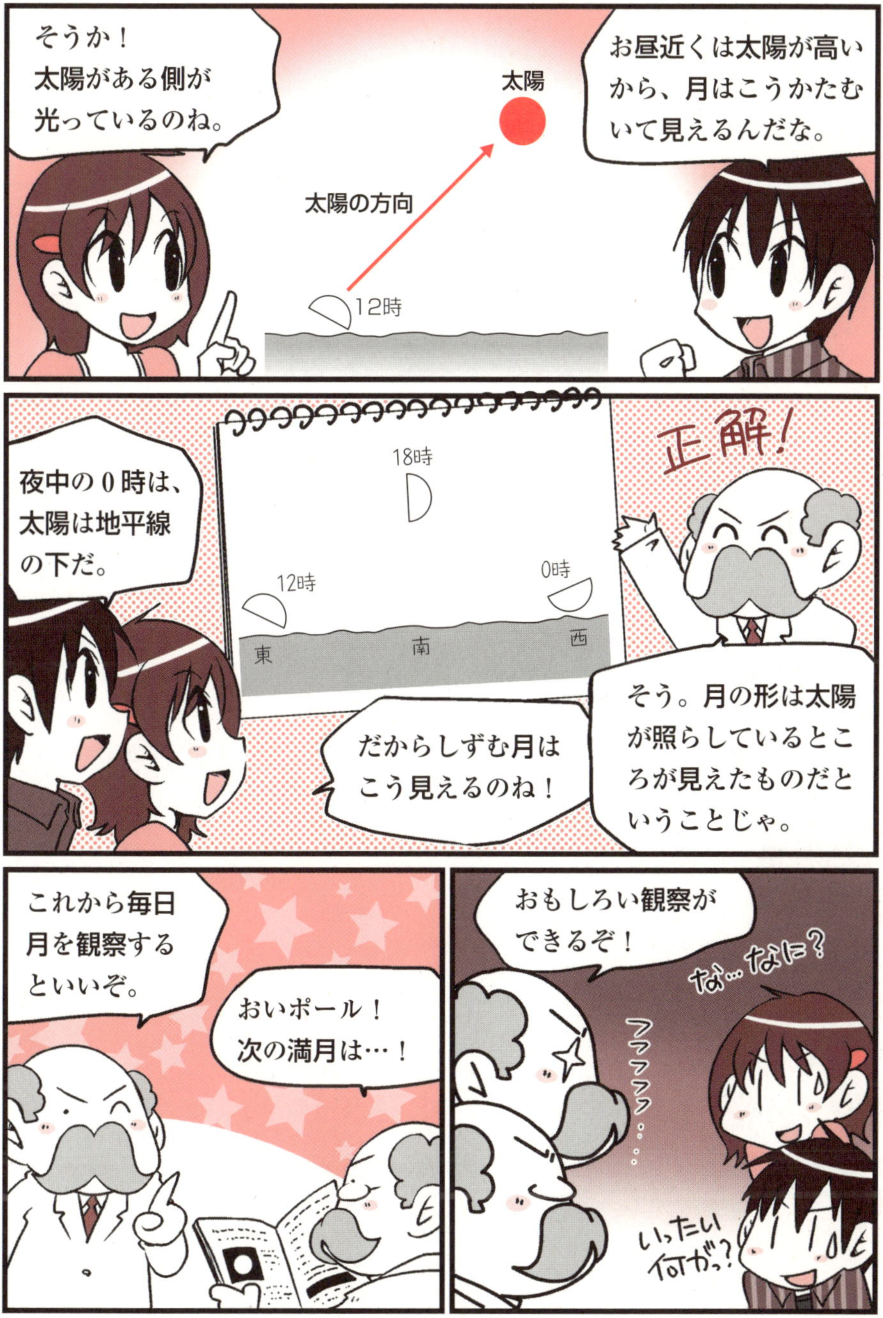

マメ知識 実際の月のかたむきは、緯度や季節などによって変化する。

第3章　月の動き・月食

2 月食・日食と惑星

リナ〜！博士から手紙預かったよ！

えっ？手紙？

何これ、くしゃくしゃ。文字がよく見えないじゃない。

コスモがかんじゃったんだよ。

土曜日は
食があります。
文台テラスで
　　　しよう。
17時におくれない
ように来てほしい
では楽しみ　。

○食って何だ？

夕食じゃない？

きっとそうよ。おいしい物を食べさせてくれるんだわ！

やったー!!

何が出るのかな。

よし、おなかすかせて行こう！

マメ知識▶ **星食**…月によって恒星や惑星がかくされる現象。星に名前がついている場合は、その星の名に「食」をつけて、「金星食」、「アンタレス食」などとよばれる。

第3章 月の動き・月食

月食の写真提供：にしわき経緯度地球科学館

約30分後

約1時間後

ほーら欠けてきたぞ。

形が半月や三日月とちがうね。

完全に地球のかげに入ったよ。

お月様がオレンジ色！

約2時間後

月が見えなくならずにこんなふうに赤黒くなるのは、地球の大気の影響（えいきょう）なんじゃ。

また出てくるまで、長く時間がかかる。明日写真を見せてあげよう。

次の日…

きのう見たのは「かいき月食」といって月が全部地球のかげにかくれてしまう現象（げんしょう）じゃ。

★かいき月食のようす

一部が欠けるだけの「部分月食」が起こることもあるよ。

左側から欠けて、また左側から出てくるんだね。

マメ知識 かいき月食のときの月が赤黒く見えるのは、地球の大気（空気の層（そう））を通りぬけた太陽の光に月が照らされているからである。夕焼けが赤いのと同じ原理。

2 月食・日食と惑星

重要 月食が起こるときは、**太陽－地球－月**の順番で一直線に並ぶんじゃ。

この地球のかげに月が入ると月食が起こるというわけじゃ。

▶北極側から見たようす

太陽／地球／本影／半影／月／半影／月の公転方向

月の公転方向／地球のかげ

地球からはこのように見える。月は左から欠けて、左から出てくるのがわかるじゃろ。

◀地球の夜側にいる人は、みんな同じ月食を見ることができる。

月が太陽の反対側だから、**満月のときだけに起こる**のね。

そう。しかし、満月のときいつも月食になるわけではない。たいていはかげの南か北を通るからな。

太陽、地球、月の公転周期などを計算すれば、いつ月食や日食が起こるかわかるよ。

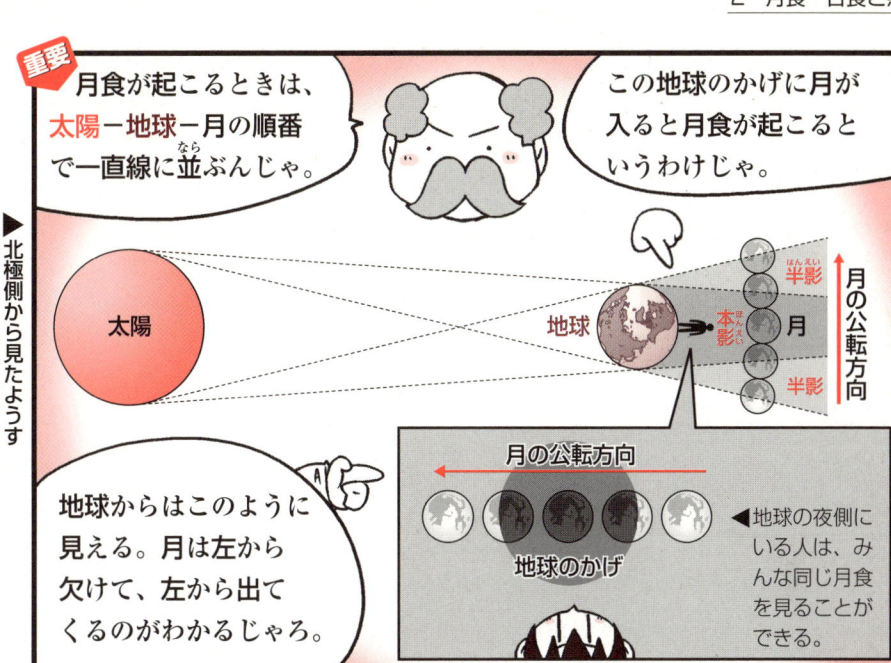

日食も見たいな！

日食は月食より見る機会が少ないよ。特に日本限定で見るとなると難しいのう。

どうして？

マメ知識 かいき月食の明るさは、そのときの地球の大気の状態に大きく影響を受けるので、必ず赤黒く見えるわけではなく、真っ黒に見えることもある。

第3章 月の動き・月食

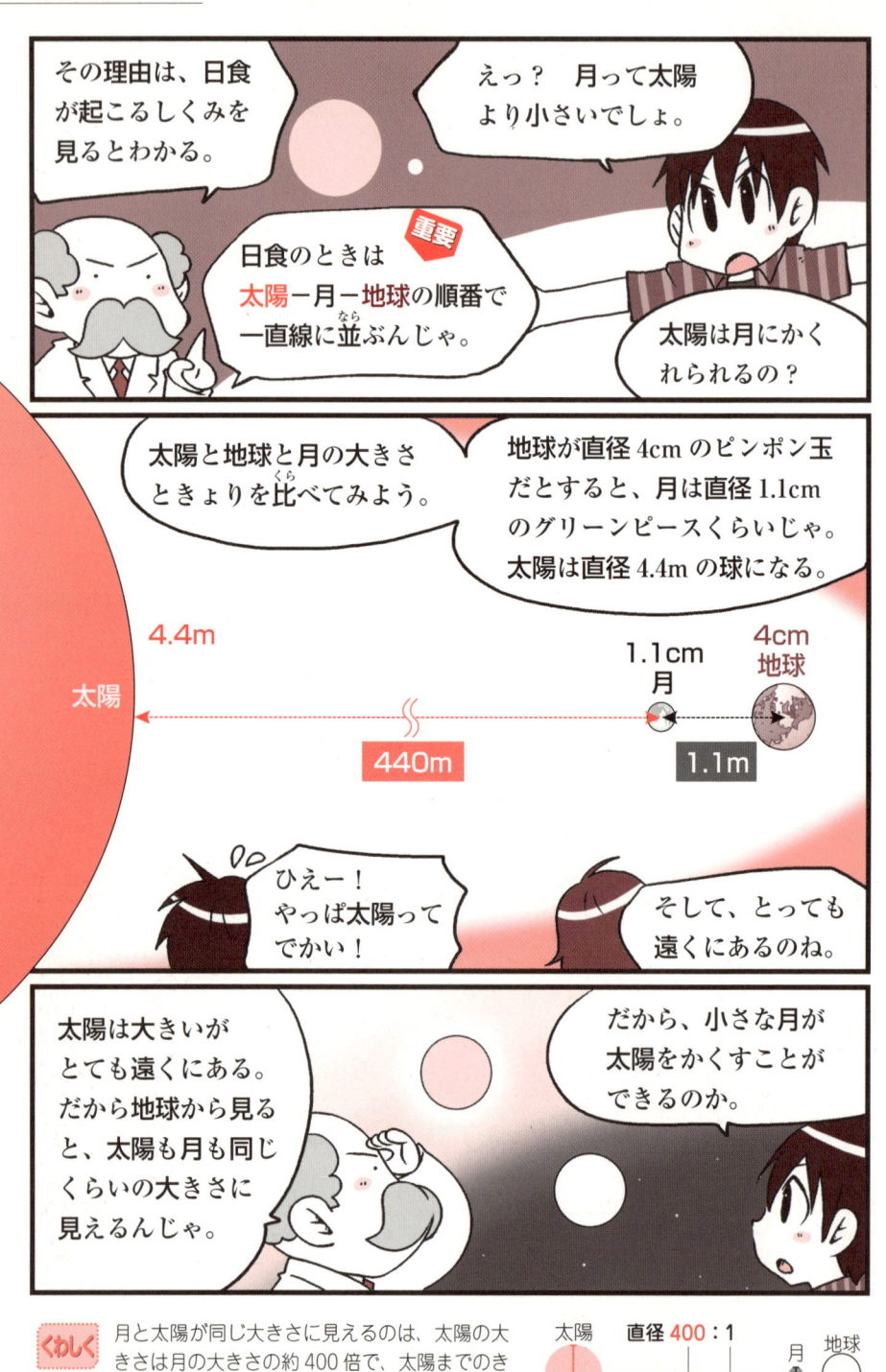

えっ？ 月って太陽より小さいでしょ。

その理由は、日食が起こるしくみを見るとわかる。

重要 日食のときは 太陽－月－地球 の順番で一直線に並ぶんじゃ。

太陽は月にかくれられるの？

太陽と地球と月の大きさときょりを比べてみよう。

地球が直径4cmのピンポン玉だとすると、月は直径1.1cmのグリーンピースくらいじゃ。太陽は直径4.4mの球になる。

4.4m 太陽 ← 440m → 1.1cm 月 ← 1.1m → 4cm 地球

ひえー！ やっぱ太陽ってでかい！

そして、とっても遠くにあるのね。

太陽は大きいがとても遠くにある。だから地球から見ると、太陽も月も同じくらいの大きさに見えるんじゃ。

だから、小さな月が太陽をかくすことができるのか。

くわしく 月と太陽が同じ大きさに見えるのは、太陽の大きさは月の大きさの約400倍で、太陽までのきょりは月までのきょりの約400倍であるため。

太陽 直径 400：1 月 地球
きょり 400：1

2 月食・日食と惑星

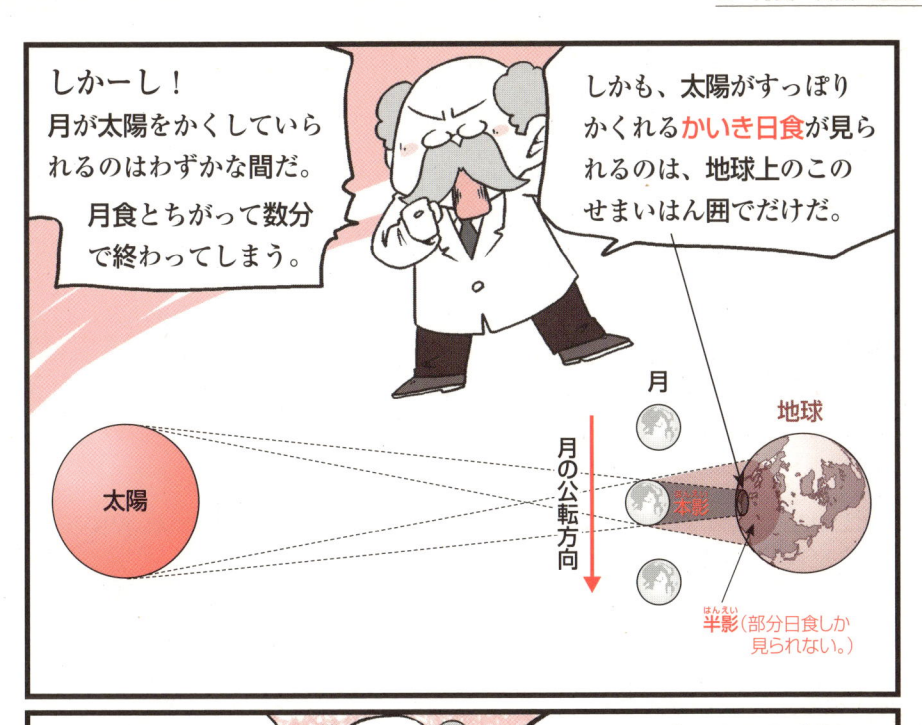

しかーし！
月が太陽をかくしていられるのはわずかな間だ。**月食とちがって数分で終わってしまう。**

しかも、太陽がすっぽりかくれる**かいき日食**が見られるのは、地球上のこのせまいはん囲でだけだ。

太陽　月　地球
月の公転方向
本影
半影（部分日食しか見られない。）

これが日食のときの**写真**だよ。

かいき日食になると太陽がすっかりかくれて、**コロナ**というガスの層がよく見えるんじゃ。

写真提供：アフロ

▼二〇〇六年三月29日ギリシャで見られたかいき日食。時間経過は左から右。

わー
見てみたーい！

マメ知識　日食で、月と太陽が重なったとき、太陽の直径が月の直径より大きく見える場合がある。この日食を**金環日食（金環食）**という。

月　太陽

103

第3章 月の動き・月食

きみたちの生きている間に何度かチャンスはあるはずじゃ。

しかし太陽を直接見てはいけないよ。専用のめがねで観察するんじゃ。

こうして宇宙のことを知ってみると、ほかにもいろいろ見てみたくなるデショ？

じつはね、写真展示室を作ったんだよ。

まあ、そう言われちゃうと…

見たい？見たいじゃろ！？

わあ、この写真すてき！星がまるで三日月のしずくみたい！これは…何の星座の星？

太陽系の惑星は、みんな太陽の光を反射してかがやいているんだよ。

それは、金星じゃよ。太陽系の惑星じゃ。太陽のまわりを公転しているんじゃ。

マメ知識 2009年7月22日の午前中に、日食が見られる。日本の屋久島、トカラ列島などでかいき日食が見られ、そのほかの日本の地域では部分日食が見られる。

2 月食・日食と惑星

太陽系の惑星を知っているかね？

水　金　地　火　木　土　天　カイ…

←かゆい

えーと？スイ…

…水星・金星・地球・火星・木星・土星・天王星・海王星…ね！

そうだね。

惑星はこのように太陽を中心に公転している。

惑星の通り道

太陽　水星　地球　火星　金星

ほかの惑星は、この外側を、木星、土星、天王星、海王星の順に公転している。

金星は地球のとなりの惑星だね。

※絵は実際の惑星の位置や大きさの比率とは異なります。

重要
金星は地球の内側を公転しているので、夜中には見えない。**明け方と夕方に見えるんじゃ。**

昔から金星は**明けの明星、よいの明星**とよばれて親しまれてきた星だよ。

つかれた〜

マメ知識▶ 海王星の外側を回る冥王星は、2006年まで惑星に分類されていたが、天体の大きさやでき方などから「太陽系外縁天体」に分類されることになり、惑星ではなくなった。
　　　　　→冥王星は「準惑星」にも分類される。

第3章 月の動き・月食

火星も地球のとなりだね。

よく見えるの？

そう。火星は地球の外側を通るから、夜中にも見えるんじゃ。

火星は、地球の外側を公転しているので、近づくときとはなれているときの差が大きいんじゃ。

近づいたときは、赤味がかった火星がよく見えるよ。こんど近づいたときには教えてあげよう。

太陽
地球
火星
遠い
近い

今では探査機が打ち上げられて、火星や土星の映像も見られるようになったねえ。

きみたちが大人になるころには、もっといろいろなことがわかるじゃろうな。

地球外生物も見つかるかな？

くわしく 金星は地球よりも内側を公転しているため、地球からは光が当たっている部分が変化して見える。つまり、金星も月のように満ち欠けをする。また、見かけの大きさも変化する。

2 月食・日食と惑星

太陽系は宇宙のほんの一部じゃ。どこかに生物がいても不思議はないのう……。

宇宙はじつにさまざまなドラマを見せてくれるのだ。

あれ？ 博士！モニターに宇宙人が！

残念だが彼は人間だ。

おーメールじゃ。

気象予報士の日和くんだ。町の気象センターに勤めていてね。

You've got mail!

お天気ミュージアムが完成したそうだ。

おもしろい映像も見られるそうだよ。行ってごらん。

はーい。行ってみます！

じゃ、博士たち、どうもありがとうございましたー！

くわしく 火星は地球の外側を公転するので、いつも太陽に照らされている部分が見えていて、ほとんど満ち欠けをしない（いつも満月に近い状態に見える）。

重要ポイントのまとめ ▶▶▶ 月の動き・月食

1 月の動き

基本 ● 月は**東からのぼり西にしずむ**。…地球の**自転**による動き。

● 月の**公転**…地球のまわりを 27.3 日で 1 周している。

月の**自転**…1 回公転する間に 1 回自転している。
→常に地球に同じ面を向けている(もようが同じ)。

2 月の満ち欠け

● 月の明るい面の見え方が、太陽・地球・月の位置関係で変化する。→満ち欠け

重要 ● 月の満ち欠けの**順序**
…29.5 日でひと回りする。

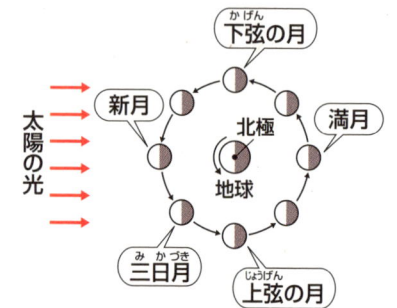

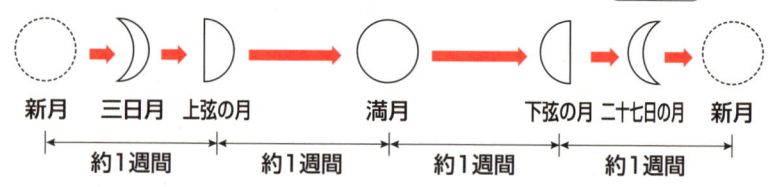

新月 → 三日月 → 上弦の月 → 満月 → 下弦の月 → 二十七日の月 → 新月

約1週間 / 約1週間 / 約1週間 / 約1週間

3 日食・月食

● 日食…太陽 - 月 - 地球の順

かいき日食が見える / 金環日食が見える / 部分日食が見える

● 月食…太陽 - 地球 - 月の順

かいき月食が見える / 地球のかげ

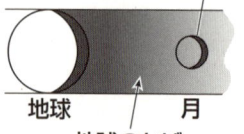

入試に役立つ 日の入りごろに見える月の形

日の入り(18 時)ごろの月の形と方位を覚えておこう。この図を回転させて、各時刻の月の位置を知ることができる。

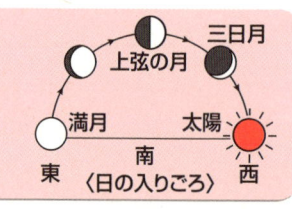

第3章 月の動き・月食

まんがのおさらい ▶▶▶
基本例題で確認

右の図1は、地球のまわりを回る月のおもな位置を表しています。

(1) 日の入りのころ、東からのぼり、日の出のころ西にしずむ月は、どの位置にありますか。

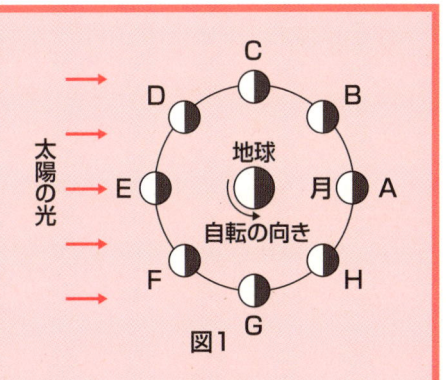

(2) 日の入りのころ、真南に見える月はどの位置にありますか。

(3) 日の入りのころ、右の図2のような月が南西の空に見えました。この月は、図1のどの位置にありますか。

解き方 ▶▶▶

(1) ①日の入りのころ東からのぼるのは、右の図より**満月**です。
　　②満月は、太陽に照らされた月面全体が丸く見える月です。
　　③月面全体が明るく見えるのは、地球から見ると**太陽とは正反対の方向**にあるAの位置です。

(2) ①右上の図より**上弦の月**です。
　　②上弦の月は、太陽方向から**左回りに90°**回ったところの月です。

(3) ①図2の月は**三日月**です。
　　②三日月の位置は、太陽方向の月Eと上弦の月Gの間のFです。

答え (1) A　(2) G　(3) F

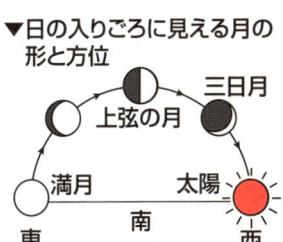

109

入試問題に挑戦!! 月の動き・月食

1 月の動きの問題

右の写真は日本付近でとった月の写真です。望遠鏡を使ってとっていますが、上下左右は目で見たときと同じにしてあります。<開成中改題>

(1) 写真の月は、右下の図の**ア〜ク**のどの位置にありますか。　　　〔　　　〕

(2) 写真のような月は、いつごろどこに見えますか。　　〔　　　〕
　　ア．午後9時ごろ東の空
　　イ．午後9時ごろ南の空
　　ウ．午後9時ごろ西の空
　　エ．午前2時ごろ東の空　　オ．午前2時ごろ南の空

(3) 月の**X**地点で地球の形を観察し続けると、どのように見えますか。　　　　　　　〔　　　〕
　　ア．約1か月で右の図の①②③④の順に変化する。
　　イ．約1か月で右の図の④③②①の順に変化する。
　　ウ．約1日で右の図の①②③④の順に変化する。
　　エ．約1日で右の図の④③②①の順に変化する。
　　オ．いつも同じ形に見える。

ヒント!!

1 (3) 月が地球のまわりを1回転公転するのに、約1か月かかる。

第3章 月の動き・月食

答えと解説…155ページ

2 月の動きと日食の問題

　図は月が地球のまわりを回っているようすを北極の上方から見たものです。月や太陽が東からのぼり西にしずむことより、地球が自転する向きは図の［　A　］の向きになります。また、同じ時刻に月を観察すると、その位置が少しずつ東に移っていくので、月の公転する向きは図の［　B　］の向きです。

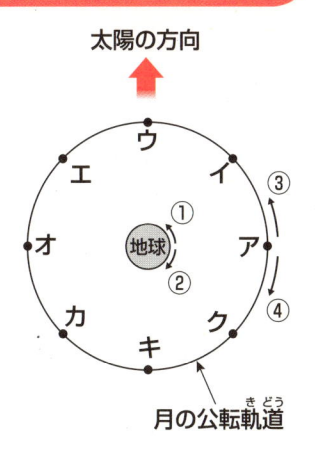

　月のかげが地球にうつるとき、日食が起こります。これは月が図の［　C　］の位置にあるときで、［　D　］のときです。太陽全体が見えなくなるのをかいき日食といいます。

＜海城中改題＞

(1) ［　A　］～［　C　］にあてはまる記号を図中から選び、それぞれ答えなさい。　　A〔　　　〕B〔　　　〕C〔　　　〕

(2) ［　D　］にあてはまるものを、次のア～オから選び、記号で答えなさい。　　〔　　　〕

ア．新月　　イ．三日月　　ウ．上弦の月　　エ．下弦の月
オ．満月

(3) かいき日食が起こっているとき、地球にうつる月のかげのようすとして適切なのはどれですか。次のア～エから選び、記号で答えなさい。　　〔　　　〕

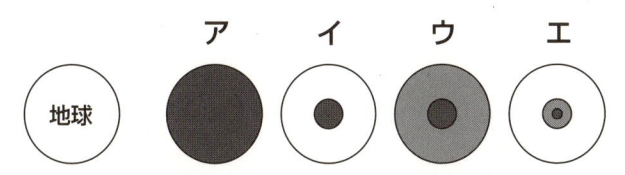

ハイレベル総合問題 ▶▶▶ 月の動き・月食

1　「菜の花や　月は東に日は西に」

これは、与謝蕪村の俳句です。この句がよまれた情景を考えてみましょう。蕪村は菜の花が一面にさいている畑の中にいます。東の空に月、西の空に太陽が見えます。今、太陽と地球が下の図の位置にあるとします。月は太陽の反対側に見えるので、図の中の①の位置にいます。月の表面に見える模様はいつも同じですが、これは、<u>月が常に同じ面を地球に向けている</u>ためです。

〈穎明館中改題〉

(1) この句でよまれた月が西にしずむのは、いつごろですか。〔　　〕
　ア．朝　　イ．正午　　ウ．夕方　　エ．真夜中

(2) この句でよまれた月は、どんな月ですか。〔　　〕
　ア．満月　　イ．上弦の月　　ウ．下弦の月　　エ．三日月

(3) 図の①の位置の月が、②→③→④と移動してもとの位置にもどるのに、およそどのくらいの期間がかかりますか。〔　　〕
　ア．約1年　　イ．約1か月　　ウ．約1週間　　エ．約1日

(4) 月が地球のかげで欠ける現象を何といいますか。また、その現象は、月が図の①～④のどの位置にあるときに起こりますか。
　〔現象の名前；　　　　　〕〔位置；　　〕

(5) 文中の下線部のようになる理由はどれですか。〔　　〕
　ア．地球が太陽のまわりを1周する間に、月が地球のまわりを1周するから。
　イ．地球が自分で1回転する間に、月が地球のまわりを1周するから。
　ウ．月は自分で1回転する間に、地球のまわりを1周するから。
　エ．月は自分で回転しないで、地球のまわりを1周するから。

ヒント

1 (1) 満月は日の入りごろ東からのぼり、真夜中に南中し、日の出のころ西にしずむ。

2

ある日、目黒君は都内で星を観察しようと思い外に出てみると、右の図のように左半分が欠けた月が見えました。　＜目黒学院中改題＞

(1) この月を何といいますか。　〔　　　〕

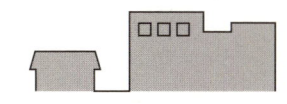

ア．満月　　　イ．上弦の月
ウ．下弦の月　エ．三日月

(2) この月を観察した方角は、東、西、南、北のうちどれですか。

〔　　　〕

(3) この月を観察した時刻は何時ごろですか。　〔　　　〕

ア．午後6時ごろ　　イ．午後8時ごろ　　ウ．午後10時ごろ
エ．真夜中の0時ごろ

(4) この月が見えるのは、右の図で月がどの位置にあるときですか。

〔　　　〕

(5) この月のように、月が欠けて見えるのはなぜですか。その理由を説明しなさい。

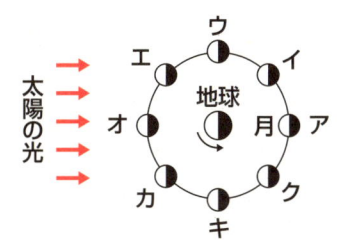

〔
　
　
　
〕

ヒント!!

2 (1) 月が西にしずむとき、月の明暗の境界線（弦の部分）が上にあるか下にあるかで判断するとよい。

(2)(3) 日の入りごろの月の形と方位の右図を参考にすると、夕方南の空を観察していることがわかる。

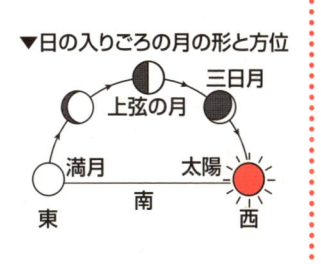

▼日の入りごろの月の形と方位

第3章 月の動き・月食

知っ得!情報 月の出の時刻（じこく）

★月の公転

月は地球のまわりを**西から東**の向きに、**27.3日**で1周（360度）回っている。
↳ 北極側から見て反時計回り。

→ 360 ÷ 27.3 = 13.18… より、**1日に約13度**西から東に移動（いどう）する。

★地球の公転

地球は太陽のまわりを**西から東**の向きに、**1年（365日）**で1周（360度）回っている。
↳ 月の公転と同じ向き。

→ 360 ÷ 365 = 0.98… より、**1日に約1度**西から東に移動する。

★月の出の時刻

○月と地球の公転の角度差から、地球から見る月は、同じ時刻に見ると、**1日に約12度**西から東の向きに移動している。

○地球が自転する速さは**1時間に15度**なので、12度自転するのにかかる時間は、$60 × \frac{12}{15} = $ **48**〔分〕となる。

→月の出の時刻は、**1日に48分ずつおくれる**。
↳ 実際（じっさい）は季節や月の位置によっておくれる時間は少し変わる。

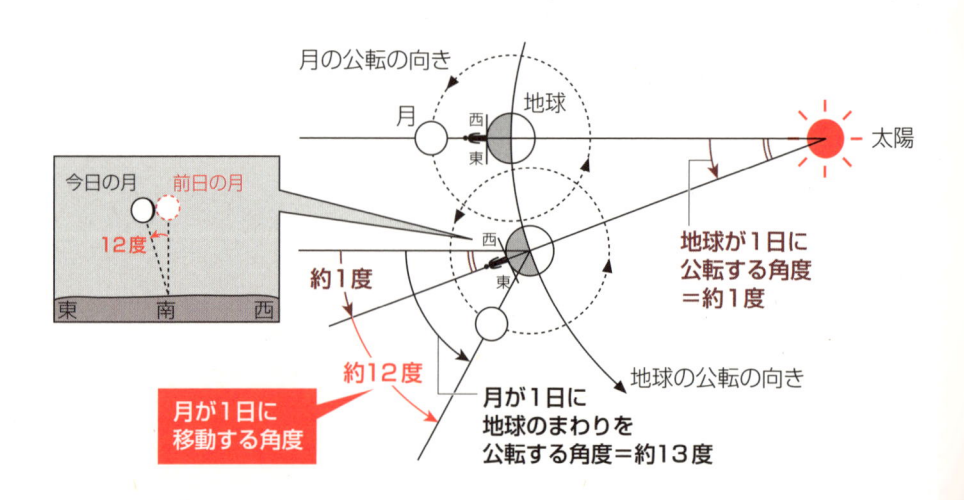

第4章 ▶▶▶ 気象

　季節の変化は、地球が太陽のまわりを地軸をかたむけて回っているために起こることを学習しましたね。この章では、季節によって気候がどのように変わるのか、天気の基本的なことがらをおさえながら学習します。

1 雲のでき方と気圧 …………………………… **116**

2 日本の季節と天気 …………………………… **132**

第4章 気象

1 雲のでき方と気圧

ここがお天気ミュージアムだ！

どーん！

お天気ミュージアム

ここのエスカレーターから上がってください。

あやしいぞ…

は、はーい。

わっ

高度 2000〜7000m

積乱雲（入道雲）

高積雲（ひつじ雲）

高層雲（おぼろ雲）

高度 2000m 以下

層積雲（うね雲）

乱層雲（雨雲）

層雲（きり雲）

高度によって雲の形がちがうんだね。

まわりに雲の絵がかいてあるよ。

くわしく
積乱雲…低いところから上空へもくもくとできる雲。入道雲ともいい、夏によく見られる。
高層雲…空全体に広がる少し厚みがある雲。おぼろ雲ともいい、雨を降らすこともある。
乱層雲…空全体をおおう厚い雲。雨雲ともいい、雨や雪を降らす雲。

1 雲のでき方と気圧

高度 5000〜13000m

飛行機雲

巻雲（すじ雲）

巻層雲（うす雲）

巻積雲（うろこ雲）

順路 →

もう着くみたいだよ。

いろいろな雲があるのね。

ずいぶん上まで来たね。

雲の部屋？

雲の部屋

わっ 何ここ？ 真っ白で何も見えないよう！

ヒカルー！ どこにいるの？

マメ知識 ▶ 空全体を10としたとき、雲が空をおおっている割合を雲量といい、雲量によって右の表のように天気が決まる。

雲量	0・1	2〜8	9・10
天気	快晴	晴れ	くもり

第4章 気象

> 雲の世界へようこそ！
> はっはっはっ！！
> だ、だれ？
> さ、さっきの人が…

> ヒカルくんとリナさんですね。ポール博士からご案内するように言われています。
> ここでは雲のでき方を見ていただきます。
> 気象予報士 日和さん
> はあ。よろしくお願いします。

> それでは、実験を始めましょう。
> ばーーん！
> この装置…
> おぉーっ
> わあ、なんかすごそう！
> …はまだ使えないので、これをどうぞ！
> さっ
> ペットボトル？
> な〜んだ…。

くわしく $1m^3$ の空気中にふくむことができる水蒸気（すいじょうき）の最大量は温度によって決まっており、この量を**飽和水蒸気量**（ほうわすいじょうきりょう）という。温度が高くなるほど、飽和水蒸気量は大きくなる。

1 雲のでき方と気圧

くわしく 水蒸気をふくんでいる空気の温度が下がると、空気は水蒸気で飽和状態になり、水蒸気（気体）は水てき（液体）になる。このときの温度を**露点**という。

第4章 気象

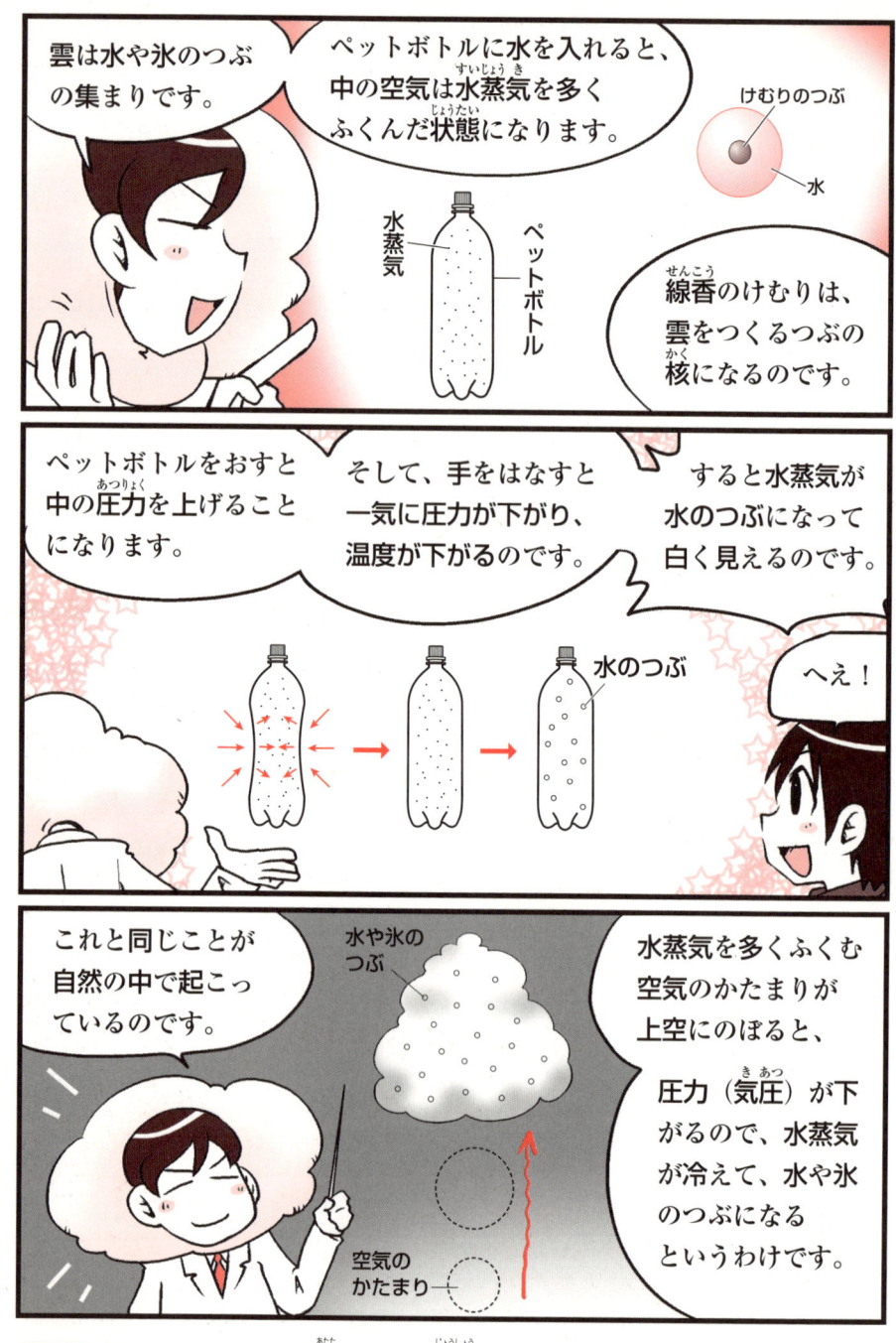

雲は水や氷のつぶの集まりです。

ペットボトルに水を入れると、中の空気は水蒸気を多くふくんだ状態になります。

けむりのつぶ
水

水蒸気
ペットボトル

線香のけむりは、雲をつくるつぶの核になるのです。

ペットボトルをおすと中の圧力を上げることになります。

そして、手をはなすと一気に圧力が下がり、温度が下がるのです。

すると水蒸気が水のつぶになって白く見えるのです。

水のつぶ

へえ！

これと同じことが自然の中で起こっているのです。

水や氷のつぶ

水蒸気を多くふくむ空気のかたまりが上空にのぼると、圧力（気圧）が下がるので、水蒸気が冷えて、水や氷のつぶになるというわけです。

空気のかたまり

くわしく 雲のでき方　①しめった暖かい空気が上昇する。②上空は気圧が低いので、空気はふくらみ、温度が下がる。③温度が露点以下になると、水蒸気が水てきになって雲になる。

1 雲のでき方と気圧

雲はどんなところにできるの？

えーと。低気圧や高気圧のことは知っていますか？

ぶんぶんぶん

では、雨の部屋へどうぞ！

雨の部屋

なんか入りたくない…

どよ～ん

低気圧がやってくると雨が降るというのは聞いたことがあるでしょう？

天気予報で言っていたような…

天気予報ではよく気圧の配置という言い方をします。

◀天気図

重要
まわりに比べて気圧の高いところを**高気圧**、低いところを**低気圧**というのです。

あ、あの高とか低のところね。

用語 気圧（大気圧）…空気にも重さがあり、空気の重さによって生じる圧力を気圧という。
単位は hPa（ヘクトパスカル）。海面での気圧は、ふつう約 1013hPa。
→「1 気圧」という。

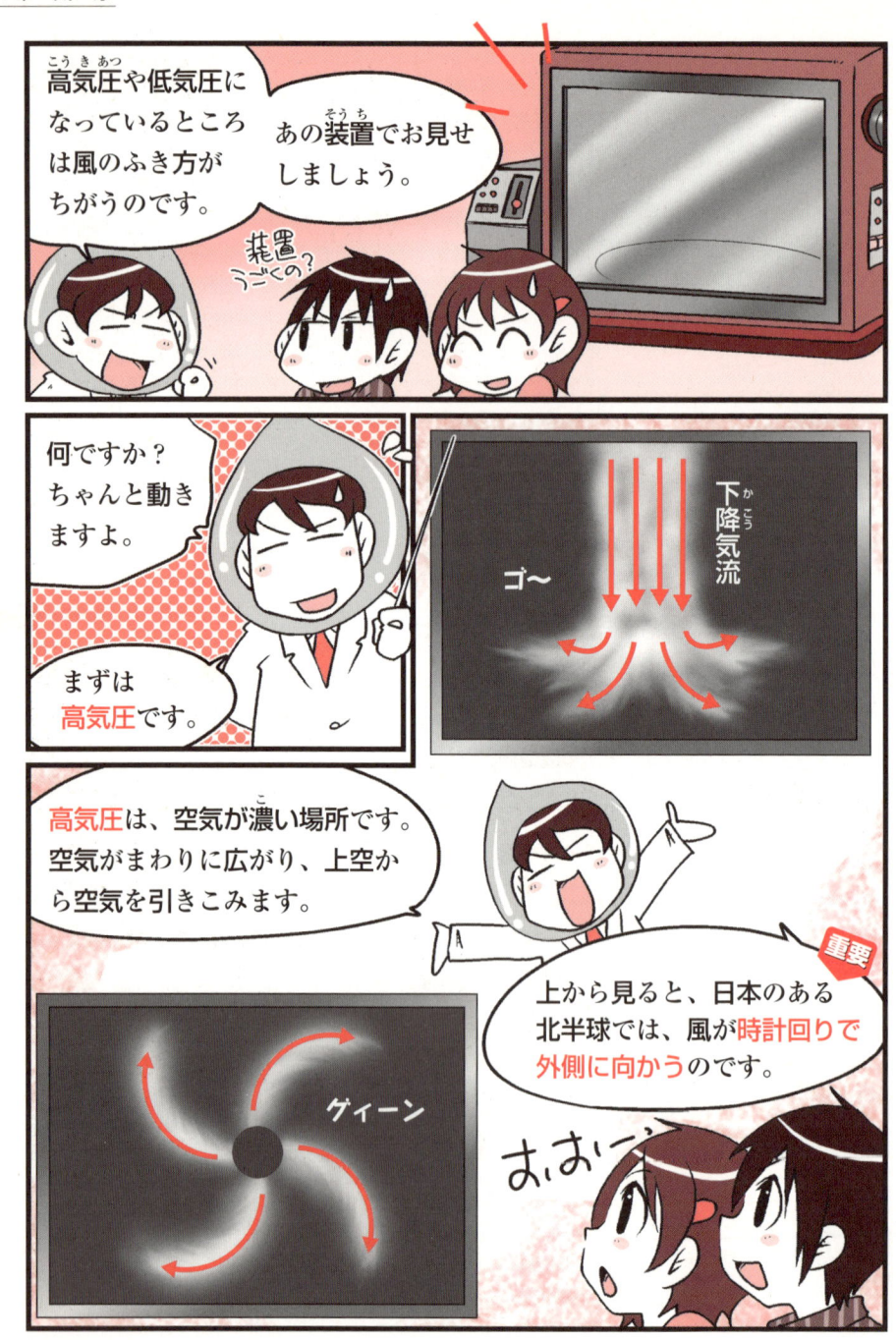

第4章 気象

高気圧や低気圧になっているところは風のふき方がちがうのです。

あの装置でお見せしましょう。

装置うごくの？

何ですか？ちゃんと動きますよ。

まずは**高気圧**です。

ゴ〜

下降気流

高気圧は、空気が濃い場所です。空気がまわりに広がり、上空から空気を引きこみます。

重要

上から見ると、日本のある北半球では、風が**時計回り**で**外側に向かう**のです。

グィーン

おぉー

くわしく 2つのある地点で気圧に差があるとき、風は、**気圧の高いほうから低いほうに向かって**ふく。気圧の差が大きいほど強い風がふく。

1　雲のでき方と気圧

こんどは**低気圧**。
低気圧は空気がうすい場所なので、まわりから空気がふきこんできます。
そして中心の空気は、**上空へ向かいます**。

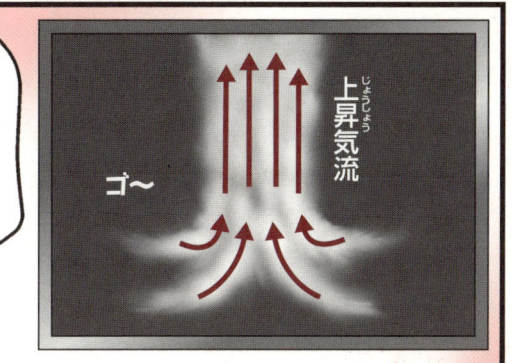

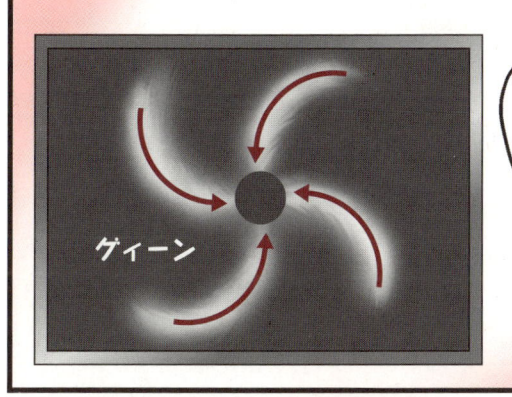

ゴ〜　　上昇気流

グィーン

重要
上から見ると、高気圧とは逆に風が**反時計回りで内側に向かう**のです。

このとき低気圧は、地上のしめった空気を吸い上げて、雲をつくるのです。

だから、低気圧があるところは天気が悪いんだな。

ね、台風もそんなふうにできるの？

台風は南の海でできる**特別な低気圧**です。

すちゃ！

マメ知識　**海風と陸風**…陸は海よりも、温まりやすく冷えやすい。昼間は、温まりやすい陸で空気が温められて上昇し、陸の気圧が海より低くなるので、海から陸へ**海風**がふく。夜間は、冷えやすい陸の気圧が海より高くなるので、陸から海へ**陸風**がふく。

第4章 気象

これが台風発生説明…装置です。

バババ

台風

これはすごいのが見られそうだね。

えーコホン。

ドン

よいしょっと

えっ！紙芝居!?

台風は南の**熱帯の海上**で発生します。

温められた海上では、上昇気流が発生しやすくなっていて、この気流にのって空気が上へのぼります。

こうして水蒸気がどんどん吸い上げられて、**積乱雲**がたくさん発生します。

くわしく 熱帯地方の海上で発生した低気圧（熱帯低気圧）が発達して、低気圧内の最大風速が17.2m/秒以上になったものを**台風**という。台風の中心の気圧は非常に低い。

1 雲のでき方と気圧

この積乱雲がうずになって、さらに発達したものが台風です。

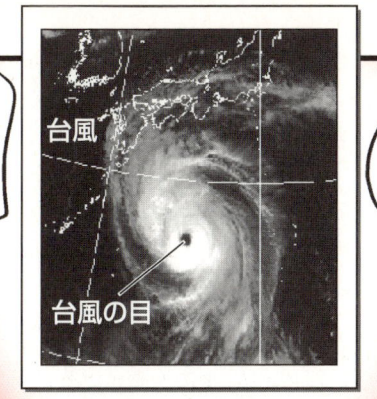

台風
台風の目

大きな台風はそれだけ雨を降らせる水を持っているわけね。

ほかにちゃんと動く装置はないのかな…これは…？

かみなりボタンをおしましたね。

積乱雲の中では、ひょうやあられなどが風の流れでぶつかって、静電気がたまっているのです。

静電気…って、セーターをぬぐとパチパチするあれ？

そうです。その電気が空気中を一気に流れる現象がかみなりなんです。

くわしく 台風の中心の直径数十 km には、積乱雲のかべで囲まれた風の弱い部分がある。この部分を**台風の目**という。台風の目に入ると、青空が見えることもある。

125

マメ知識▶ 台風のもっとも風の強いはん囲は、ふつう台風の目のすぐ外側。また、台風の進行方向に向かって右側は、台風の風の向きと進行方向が同じであるため、左側に比べて強い風がふく。

1 雲のでき方と気圧

そのとおり。でもそれだけではありません。

海流や、地球全体の風の流れ、土地の高さも大きく関係してくるんですよ。

▼地球の大気の流れ

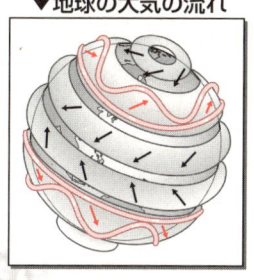

また、温度だけでなく、湿度のちがいも環境を大きく変えます。

さばく気候

熱帯雨林気候

写真提供：アフロ

「暑い地域」といっても、さばくのように乾そうしたところもあれば、ジャングルのように雨の多いところもあるでしょう。

いろいろな気候があるのね。

日本のほとんどは温帯気候ですね。

そうです。四季があって、雨の量も多い気候ですね。

来週は、日本の気候についてお話させていただきます。

…って！来週もぼくたち来るのね…。

用語 空気中に水蒸気がふくまれている割合をパーセントで表したものを湿度という。水蒸気量が同じでも、空気の温度が変わると湿度も変わる。（150ページ参照）

重要ポイントのまとめ ››› 雲のでき方と気圧

1 日本の天気の移り変わり

基本 ● 天気は**西から東**に移り変わる。…**偏西風**の影響。

夕焼けの翌日は晴れ→西に雲がない（晴れている）から。

西日本で雨→翌日には、東日本でも雨となることが多い。

2 雲のでき方

● **低気圧**…まわりより気圧が低いところ。
　上昇気流ができる。→天気が**悪い**。

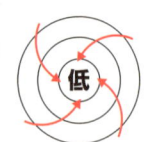

● **高気圧**…まわりより気圧が高いところ。
　下降気流ができる。→天気が**よい**。

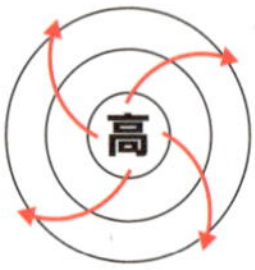

低：反時計回りに風がふきこむ

高：時計回りに風がふき出す

重要 ● **雲のでき方**…水蒸気をふくむ空気が

上昇→温度が下がる→水蒸気が冷え

て水てきになって集まる＝**雲**　※低気圧の上空にできる。

● **雲の種類**…**積乱雲**（かみなりをともないはげしい雨が降る）
　乱層雲（雨雲）、**巻雲**（すじ雲）など。

● **台風**…赤道近くの太平洋上で発生。
　→**熱帯低気圧**が発達。中心に**台風の目**。
　→日本付近にくるのは**8〜9月**ごろ。

▼台風の風のふく方向
台風の進路
北〜北東の風
北の風
東の風
北西〜西の風
南東〜南の風
南西〜西の風

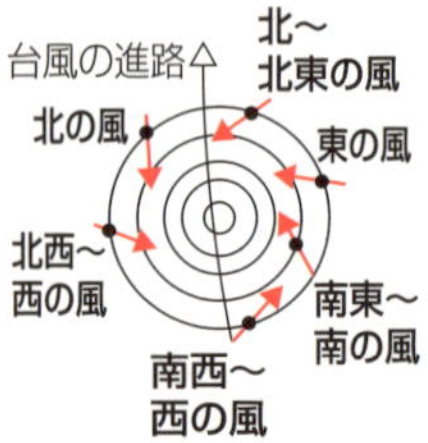

3 気象観測

● **雲画像**…気象衛星「ひまわり」が撮影。

● **アメダス**…全国約1300か所の観測地点のデータを集める。

ここに注意！　雲画像の順序

雲画像の順序は、雲の移動の向き（西→東）に着目する。

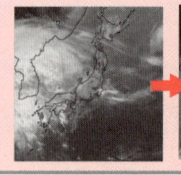

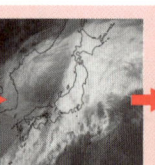

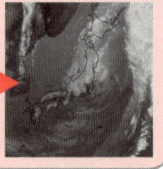

第4章　気象

まんがのおさらい ▶▶▶
基本例題で確認

雲ができるしくみを、次のような実験で確かめました。

〔実験〕3本のペットボトルA〜Cを用意し、ペットボトルの中の条件を次の①〜③のようにした。
　①Aは、中の空気がよく乾いた状態
　②Bは、水を少し入れてよくふった状態
　③Cは、水を少し入れてよくふり、線香のけむりを入れた状態
空気入れを使って①〜③のペットボトルに空気をつめこみ、次にせんを急に開けて、中の空気を勢いよく出した。

(1) ペットボトルの中がほとんどくもらなかったのはどれですか。

(2) ペットボトルの中がいちばんよくくもったのはどれですか。

(3) 線香のけむりはどのようなはたらきをしていますか。簡単に説明しなさい。

解き方 ▶▶▶

(1) ペットボトルの中がくもるのは、空気中にふくまれる**水蒸気が水てきに変わるから**です。空気が乾いていると、水てきになる水蒸気がほとんどないのでくもりません。

(2)(3) 空気をつめておいて急にせんを開けると、中の空気が勢いよく外にふき出し、このとき**温度が下がります**。すると、ペットボトルの中の空気にふくまれている水蒸気が冷えて水てきになり、ペットボトルの内側のかべについて白くくもります。線香のけむりがあると、けむりのつぶが核となり水てきができやすくなります。

答え (1) A　(2) C　(3) **水てきができるときの核になる。**

入試問題に挑戦!! 雲のでき方と気圧

1 気象観測の問題

　気象庁では、A1300か所をこえる無人の気象観測所を設置しています。そこでは気象観測と気象庁へのデータの送信を自動で行っています。また、B気象衛星を打ち上げ、宇宙からも気象に関する様々な観測を行っています。右の図1～図3は、台風を24時間ごとに気象衛星によって観測したものです。

<桐朋中改題>

図1

図2

図3

(1) 下線部Aのシステムを何といいますか。
〔　　　　　　　〕

(2) 下線部Aのシステムでは、どのような気象情報を観測しますか。3つ答えなさい。
〔　　　　　　　〕
〔　　　　　　　〕〔　　　　　　　〕

(3) 図1～図3を、撮影した順に並べたものはどれですか。　〔　　　〕

　ア. 図1→図2→図3　　イ. 図1→図3→図2
　ウ. 図2→図1→図3　　エ. 図2→図3→図1
　オ. 図3→図1→図2　　カ. 図3→図2→図1

(4) 下線部Bの気象衛星の名前を何といいますか。〔　　　　　　　〕

ヒント!!

1 (3) うず状の雲は台風である。台風は南から日本に近づいてくる。

2 台風と天気の問題

　台風はしめり気が多く、雨をたくさん降らせます。また、台風の雲はうずを巻いていて、うず巻きの中心に向かって強い風がふいています。夏から秋にかけて日本にくる台風は、日本からはなれた（　①　）のほうで発生し、はじめは西のほうへ動き、やがて日本付近では（　②　）のほうへ動くことが多いです。日本付近では台風の進行方向の右側は（　③　）。　　　＜横浜共立学園中改題＞

(1) 文中の（　①　）にあてはまる語句を、次の**ア〜エ**から選びなさい。　　〔　　　〕
　　ア. 南　　**イ**. 西　　**ウ**. 東　　**エ**. 北

(2) 文中の（　②　）にあてはまる語句を、次の**ア〜エ**から選びなさい。　　〔　　　〕
　　ア. 東や南　　**イ**. 東や北　　**ウ**. 西や南　　**エ**. 西や北

(3) 文中の（　③　）にあてはまる文として適切なものを、次の**ア〜エ**から選びなさい。　　〔　　　〕
　　ア. 台風にふきこむ風と台風を動かす風の方向が逆であるため、風が弱くなります
　　イ. 台風にふきこむ風と台風を動かす風の方向が同じであるため、風が弱くなります
　　ウ. 台風にふきこむ風と台風を動かす風の方向が同じであるため、風が強くなります
　　エ. 台風にふきこむ風と台風を動かす風の方向が逆であるため、風が強くなります

(4) 天気についての次の文の（　　）のうち、適切なほうを選びなさい。　　〔　　　〕
　　夕焼けの次の日は、（**ア**. 晴れ　　**イ**. 雨）になることが多い。

2 日本の季節と天気

こんにちは！お待ちしていました。

こんにちは。

今日はふつうね

今日はこちらのエレベーターで一番上まで行ってくださいね。

はーい！

一番上は日本の四季の部屋ね。

わあサクラが満開！

春の部屋なんだね。

くわしく **春の天気**…移動性高気圧と低気圧が日本付近を西から東へ交互に通過するため、晴れの日と雨の日が3～4日ごとに入れかわる。

2 日本の季節と天気

ぽかぽかして気持ちいいね。

光が当たっていないところは少し寒いけどね。

今、日本の4月ごろの気候の特ちょうを再現しているんですよ。

わ！いつのまに♪

ぱらっ

これは気象衛星がうつした4月の雲画像です。

春

雲が散らばっている感じね。

重要

春は、気温が大きく変わるときです。高気圧と低気圧の動きが速く、天気が変わりやすいのです。

奥へ進んで行きましょう。

春から夏へ向かう5月後半から6月になると…

なんだか蒸し暑くなってきたみたい…

むわ〜

用語 雲画像…雲のようすや動きを気象衛星から撮影した画像。白くなっているところが雲を表している。
→日本の気象衛星を「ひまわり」という。

133

第4章 気象

そう、梅雨です。高気圧にはさまれて梅雨前線が動けなくなり、雲がとどまって、雨の日が続くことになります。

梅雨

帯のように雲がつながっているね。

この雲が消えると、高気圧が大きくはり出した夏型の天気になります。

夏

よく晴れて、暑い日が続くんだね。

そして、夏から秋にかけてやってくるのが…台風です。
台風の発生については、先日お話しましたね。

南の海で生まれるのよね。

ごちゃ～～

大変そう～

えーと 台風のは…と

くわしく 梅雨前線…ほぼ同じ勢力の空気のかたまり（気団）がぶつかった境界に生じる、ほとんど動かない前線を**停滞前線**という。梅雨の時期に発生する停滞前線を、**梅雨前線**という。

★台風が進むようす

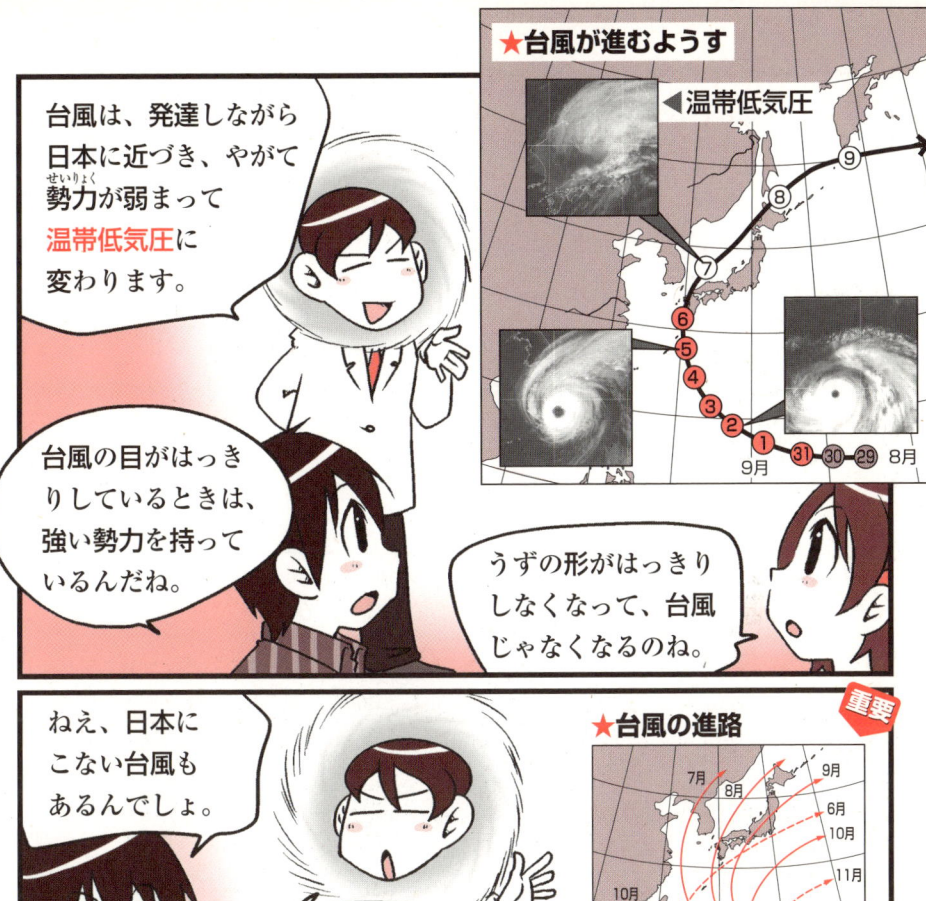

◀温帯低気圧

台風は、発達しながら日本に近づき、やがて勢力が弱まって温帯低気圧に変わります。

台風の目がはっきりしているときは、強い勢力を持っているんだね。

うずの形がはっきりしなくなって、台風じゃなくなるのね。

ねえ、日本にこない台風もあるんでしょ。

そうなんです。これは台風の進路を月別に表したものです。

★台風の進路　重要

6月や12月ごろは、日本のほうへ曲がってこない台風があるのね。

偏西風という風の向きや高気圧の影響で、台風の進路は決まるのですよ。

くわしく 夏の天気…日本の東にある高気圧（小笠原気団）が発達して日本をおおい、中国大陸に低気圧がある南高北低の気圧配置になる。ゆるやかな南東の季節風がふき、蒸し暑い日が続く。

135

第4章 気象

わあ、ここは紅葉（こうよう）がきれい！秋になったのね。

台風の時期が過（す）ぎると、すっかり秋らしくなりますね。

秋は、さわやかに晴れる日が出てきますが、春と同じで変わりやすい天気です。

秋

あれ!?　こんどは急に寒くなったぞ！

冬になったのね。

ヒュウゥ

冬の天気の特ちょうを知っていますか？

知ってる！日本海側にたくさん雪が降（ふ）るんだよ。

何ｍも積もっているのを見たことあるわ。

くわしく 秋の天気…春のころと同じように、天気は3〜4日ごとに変わる。9月の中ごろには、梅雨（つゆ）のころのような長雨（秋雨（あきさめ））が降り、台風がやってくることも多い。

2 日本の季節と天気

そうですね。その一方で太平洋側は晴れて乾そうした日が続きます。

日本海側
太平洋側

太平洋側は、雪は降らないけど冷たい風がふく時期だよね。

そんな日の雲画像がこれです。

冬

わあ、雲がしま模様になってる！

寒そう！

これは同じ日の天気図です。

★冬の天気図　重要

高 1038
低 988
低 984

等圧線

日本列島の西側に高気圧があって、中国大陸から冷たい風がふいてきます。

※等圧線の間かくがせまいところほど風が強い。

くわしく　**冬の天気**…中国大陸に発達した高気圧（**シベリア気団**）があり、日本の北東海上に低気圧がある**西高東低**の気圧配置になる。日本海側は雪の日、太平洋側は晴れの日が多い。

第4章 気象

大陸からの風は日本海を通るとき、水蒸気を多くふくみます。

そのしめった空気は日本の背骨にあたる高い山にぶつかって、日本海側に雪を降らせます。

そして、雪を降らせた後の乾そうした冷たい風が、太平洋側にふいてくるのです。

しめった空気　　空っ風
水蒸気
大陸　日本海　日本列島　太平洋

季節によって、ずいぶん空のようすが変わるんだね。

なんだか急いで1年を見たら、つかれちゃった。

では、屋上に出て、外の空気を吸いましょう。

屋上が庭になってるのね！

あれは何？

風を調べるためのふき流しです。

マメ知識 気団…気温やしめりけなどがほぼ同じ空気の大きなかたまり。日本には季節によってそれぞれちがった性質の気団がおとずれ、それぞれの季節の気候を特ちょうづけている。
→冬にはシベリア気団、夏には小笠原気団におおわれる。

2 日本の季節と天気

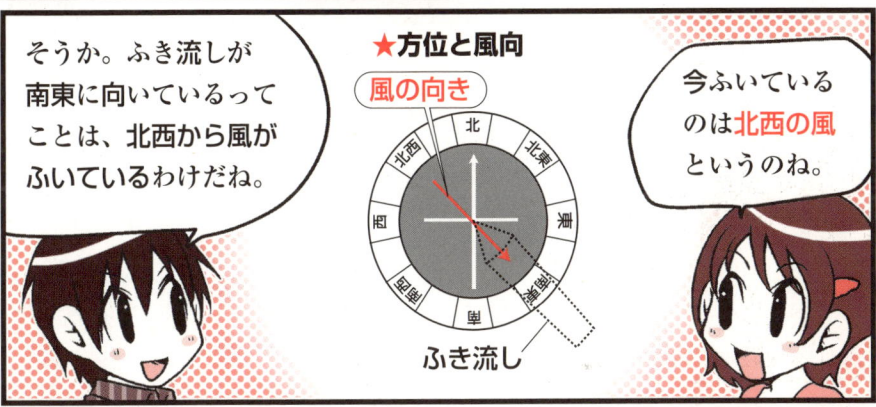

下に方角が書いてあるね。

そうではありません。風向(ふうこう)というのは、どの方角からふいているかをいうのです。

南東を向いているから、南東の風？

そうか。ふき流しが南東に向いているってことは、北西から風がふいているわけだね。

★方位と風向
風の向き
北／北東／東／南東／南／南西／西／北西
ふき流し

今ふいているのは**北西の風**というのね。

そして、ふき流しの角度で風の強さもわかります。

風が強いと、ふき流しは水平になります。

強い
弱い

角度が小さければ、弱い風ってことね。

マメ知識 ▶ 風の強さを0〜12までの13階級に分けて表したものを**風力**という。風速が速いほど、風力は大きい。

第4章 気象

風の向きや強さを知ることは天気の変化を知るのに大切なんですよ。

天気予報でも風向きのことを言ってるもんね。

天気予報って、どうやって決めるのかな？

気圧の配置、風の向きや強さ、気温、湿度などを調べて計算するんです。

空を見ただけじゃわからないのね？

そして長年積み上げたデータを参考にして予測するのです。

今日はどういう天気になるかくらいなら、目で見てわかることもありますよ。

昔からのことわざや言い伝えにもあるでしょう？

言い伝え？

用語 アメダス（地域気象観測システム）…全国約1300か所にある観測所で降水量、風向・風速、気温、日照時間などの観測を自動的に行い、気象庁に集めるシステム。

2 日本の季節と天気

「夕焼けは晴れ」という言い伝えは聞いたことがあるでしょう。

夕焼けが見えるときは、西の空がよく見通せる、つまり西側は晴れているということです。

西　東

日本は、偏西風などの影響で西から東へと天気が移り変わるので、今西が晴れていれば、次の日は晴れるというわけです。

ほかに、「朝の虹は雨」というのもありますよ。

虹？

どういうこと？

では水まきをしながら、虹のでき方を見てみましょう。

じゃー

しゃわわ〜

あれ？

どこに虹が？

マメ知識 ▶ 「かさ雲がかかると雨」「ツバメが低く飛ぶと雨」など、昔の人々は自然のさまざまな現象や経験をもとに天気を予測していた。科学的な裏づけのない言い伝えもある。

141

第4章　気象

そちらに行って、太陽を背にして見てください。

あ！見えた見えた！！

虹は、**太陽を背にして水のつぶがある方向を見ると見える**のです。

朝、太陽は東からのぼりますから、朝の虹は西の空に見えることになりますね。

ということは…**西の空に水のつぶがあるってことだ！**

虹　太陽　西　東

西で降っている雨がこの後やってくるってことね！

あれ？虹の向こうから人が…

おーーーい！

博士たちだ！

マメ知識　太陽光は、いろいろな色の光が集まってできている。この光が水てきを通るときに曲がるが、色によって曲がり方がちがう。そのために色が分かれて見えたものが虹である。
→屈折という。

2　日本の季節と天気

重要ポイントのまとめ ▶▶▶ 日本の季節と天気

1 季節と天気の特ちょう

▼雲画像　梅雨

- **基本** ●春・秋…高気圧と低気圧が交互に通過。→天気が変わりやすい。
- **重要** ●梅雨…南北の高気圧がつり合い、雲の帯ができる。→天気の悪い日が続く。
- ●夏…北太平洋に高気圧（小笠原気団）。→南東の季節風。蒸し暑い。

　※夏から秋に台風がくる。

- **重要** ●冬…西に高気圧、東に低気圧。

　→北西の季節風。日本海側は雪、太平洋側は乾そうした晴れの日が多い。

冬

2 天気図

●天気図の記号

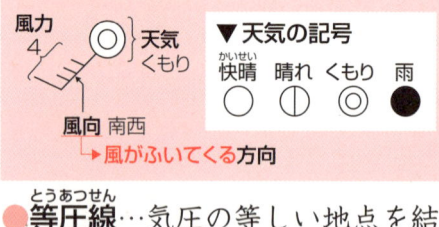

風力4　天気 くもり　風向 南西　→風がふいてくる方向

▼天気の記号
快晴	晴れ	くもり	雨
○	①	◎	●

- ●等圧線…気圧の等しい地点を結んだ曲線。

　→等圧線の間かくがせまい部分は、風が強い。

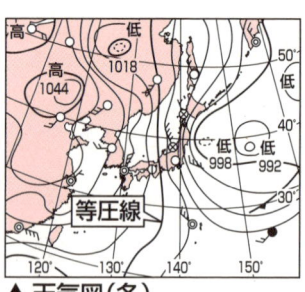

▲天気図（冬）

ここに注意！ 日本の冬の気候

　北西の季節風が日本海を渡るとき水蒸気をふくみ、日本海側に雪を降らせる。太平洋側には乾そうした風がふく。

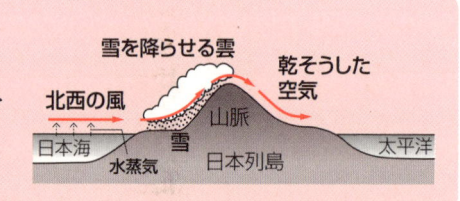

雪を降らせる雲　乾そうした空気　北西の風　山脈　日本海　水蒸気　雪　日本列島　太平洋

第4章 気象

まんがのおさらい ▶▶▶
基本例題で確認

下の図1～図3は、日本付近のおもな季節の雲画像です。

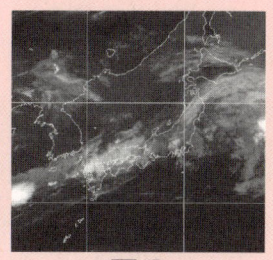

図1　　　図2　　　図3

(1) 夏の雲画像はどれですか。
(2) 梅雨のころの雲画像はどれですか。
(3) 右の図4の天気図のころの雲画像はどれですか。

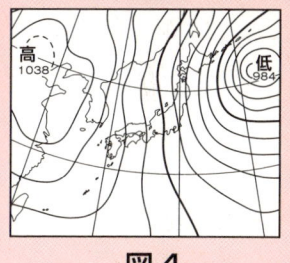

図4

解き方 ▶▶▶

(1) 夏は、日本の南に勢力の強い高気圧が発達し、この高気圧におおわれて、天気のよい暑い日が続きます。太平洋からしめった風が日本列島にふきこむため、日本の夏は蒸し暑いのが特ちょうです。

(2) 梅雨は、日本の北と南にほぼ同じ勢力の高気圧が発達し、そのさかいめが日本列島にそってのびて帯状の雲をつくります。このため、天気のぐずついた日が続きます。

(3) 図4は、等圧線が南北に走る冬の天気図の特ちょうを表しています。冬は、図2のように北西の季節風がふく方向にそって、すじ状の雲が発達します。

答え (1) 図1　　(2) 図3　　(3) 図2

入試問題に挑戦!! 日本の季節と天気

1 四季の天気の問題

下の図1は、集中豪雨による大きな被害が出たある年の、ひまわりによる雲写真です。図2は、図1の雲写真についての説明図です。

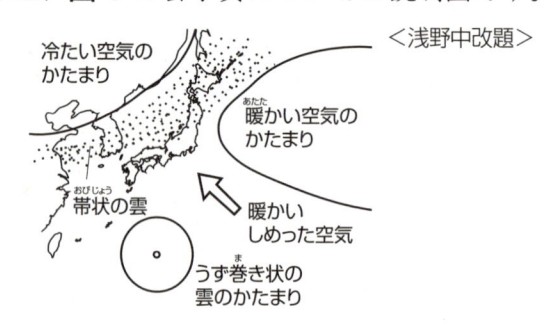

<浅野中改題>

図1　　　　　　　　図2

(1) 気象衛星「ひまわり」は、赤道上空36000kmの高さでいつも同じところに見えます。それはなぜですか。　〔　　　〕

　ア．地球の自転と同じ周期で西から東に公転しているから。
　イ．地球の自転より速い周期で西から東に公転しているから。
　ウ．地球の自転と同じ周期で東から西に公転しているから。
　エ．地球の自転より速い周期で東から西に公転しているから。

(2) 例年、図の帯状の雲は日本付近で東西方向にのびて6月～7月下旬まで停滞します。この季節を何といいますか。

〔　　　　　〕

(3) (2)の季節特有の天気はどれですか。　〔　　　〕

　ア．北西の季節風がふき、日本海側は雪、太平洋側は晴れの日が多い。
　イ．にわか雨の日が多く、ひょうが降ることもある。
　ウ．雨の日の続くことが多く、時々肌寒い日がある。
　エ．晴れとくもりの日が、2～3日ごとにくり返す。

2 天気の問題

次の天気図は、春、梅雨、夏、冬のものです。　　＜渋谷幕張中改題＞

(1) ①～④の天気図の説明を下から選び、記号で答えなさい。

①…〔　　〕
②…〔　　〕
③…〔　　〕
④…〔　　〕

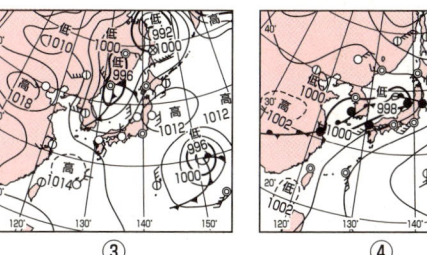

ア．オホーツク海近くに冷たくしめった空気がある。南の暖かくしめった空気とぶつかって、梅雨前線をつくっている。

イ．暖かくてしめった空気が南の海上にあり、日本に暖かくしめった南風をふかせている。南高北低の気圧配置である。

ウ．日本の西側に冷たく乾いた空気があって、日本に冷たく乾いた風をふかせている。西高東低の気圧配置である。

エ．移動性の高気圧が低気圧と交互に日本にやってきて、暖かい日と寒い日が交互におとずれる。

(2) 梅雨と冬の季節にあてはまる天気図は、それぞれどれですか。

梅雨…〔　　〕　冬…〔　　〕

ヒント!!
2 (2)梅雨は南北の高気圧、冬は南北に走る等圧線が特ちょうです。

ハイレベル総合問題 ▶▶▶ 気象

めざせ難関校!!

答えと解説…159ページ

1 　太陽は地面を温め、地面は空気を温めます。ある晴れた日の昼間に、陸と海の温度を比べると、陸の温度のほうが海の温度より高くなっていました。こういうときには海から陸に向けて風がふくことが多く、そのときの空気の動きは右の図のようになっていると考えられます。夏や冬になると、中国大陸と太平洋の間で大きな温度差ができるため、やはり風がふきます。また、赤道近くの熱帯地方と北極・南極との間にはいつも大きな温度差があるため、いつも風がふいています。

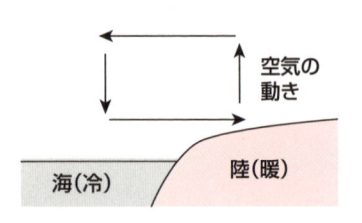

＜灘中改題＞

(1) 冬にふく強い北西の風が、中国大陸（陸）から太平洋（海）へ、両者の温度差が原因となってふいているとすると、どちらのほうがより低温になっていると考えられますか。　〔　　　〕
　ア．中国大陸（陸）　　イ．太平洋（海）　　ウ．どちらも同じ

(2) 赤道と北極・南極の間の温度差によってふく地表付近の風は、どのような向きになるはずですか。北半球の場合と南半球の場合のそれぞれについて答えなさい。ただし、地球の自転の影響は考えないものとします。

　　　　　　　　　北半球…〔　　　〕　南半球…〔　　　〕
　ア．北から南　　イ．南から北

(3) 赤道に近いハワイでは、(2)で予想された風の向きに近い風が1年中ふいています。しかし、赤道から遠い日本付近では、1年を通しての平均的な風の向きはこの予想と大きくちがいます。これについて説明した次の文の（①）～（④）に適切な語を1つずつ入れなさい。

　　　　①…（　　）②…（　　）③…（　　）④…（　　）

　日本付近では天気が（①）から（②）へ変化するので、広いはんいで（③）から（④）へ空気が移動していると考えられる。

ヒント!!

1 (3) 日本付近の上空には、偏西風が1年中ふいている。

第4章 気象

2 温度が下がると水蒸気が水てきに変わるのは、空気中にふくまれる水蒸気の量が温度によって決まっていて、温度が低いほどその量が少なくなるからです。ある温度で空気 $1m^3$ あたりにふくむことのできる水蒸気の最大量を、その温度での「飽和水蒸気量」といいます。空気中の水蒸気量の飽和水蒸気量に対する割合をパーセントで表した数字を「湿度」といい、

[湿度〔%〕] = [空気中の水蒸気量〔g/m^3〕] ÷ [その温度での飽和水蒸気量〔g/m^3〕] × 100

の式で計算することができます。また、空気の温度を下げていったとき、水蒸気の一部が水てきに変わり始める温度を「露点」といいます。

<専修大松戸中改題>

(1) 下の**表1**は、温度と飽和水蒸気量との関係を表したものです。

表1

温度〔℃〕	0	5	10	15	20	25	30	35
飽和水蒸気量〔g/m^3〕	4.8	6.8	9.4	12.8	17.3	23.1	30.4	39.6

① 気温が25℃で、湿度が55%の空気があります。この空気中にふくまれる水蒸気量は何 g/m^3 ですか。小数第1位までの数字で答えなさい。
〔　　　　　〕

② ①の空気の露点はおよそ何℃ですか。最も近い数字を表の温度の値から1つ選んで答えなさい。〔　　　　　〕

(2) ある晴れた日に、気温と露点を1時間ごとに測定したところ、右の**表2**のような結果になりました。この日10時〜16時の湿度の変化について、正しく説明したものはどれですか。〔　　　〕

表2

時刻〔時〕	10	11	12	13	14	15	16
気温〔℃〕	19	21	22	24	26	24	22
露点〔℃〕	12	12	12	12	12	12	12

ア. 湿度はずっと一定であった。　**イ**. 湿度は14時ごろもっとも高くなった。
ウ. 湿度は14時ごろもっとも低くなった。

ヒント！

2 (1) 湿度を求める式を使うと、

空気中の水蒸気量＝飽和水蒸気量×湿度÷100 となる。

(2) 空気中の水蒸気量はほぼ一定なので、気温と湿度の変化は逆になる。

第4章 気象

知っ得！情報 気温の変化と太陽の動き・天気・湿度

★太陽の高さと気温の変化

○太陽の高さは**正午ごろ最高**になるが、気温はおくれて**午後２時ごろ最高**になる。→太陽はまず地面を温め、**地面の熱で空気が温まる**から。

○日の入り後は、ふつう気温は下がり続け、**日の出の直前に最低**になる。

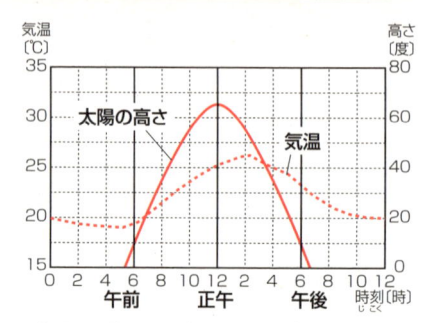

▲太陽の高さと晴れた日の気温の変化

★天気と気温の変化

○**晴れの日**…気温の変化が大きい（最高気温と最低気温の差が大きい）。

○**くもりの日・雨の日**…気温の変化が小さい。→雲が熱の移動をさまたげるため。

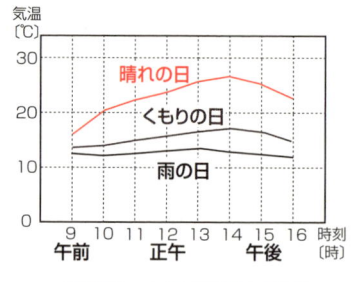

▲天気による気温の変化

★気温の変化と湿度の変化

○**飽和水蒸気量**…空気 $1m^3$ あたりにふくむことのできる水蒸気量の限度。気温が高いほど大きい。

○ 湿度〔％〕 = $\dfrac{空気 1m^3 中の水蒸気量〔g/m^3〕}{その気温での飽和水蒸気量〔g/m^3〕} \times 100$

○ 気温が**上がる** → 湿度が下がる
　気温が下がる → 湿度が**上がる**

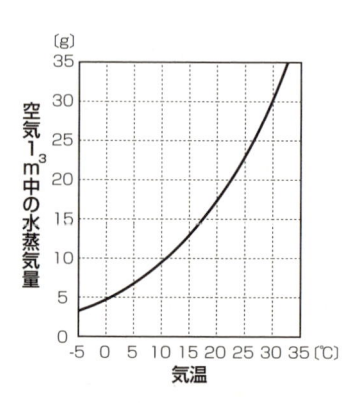

▲飽和水蒸気量

答えと解説

32〜49ページの答えと解説

星の1日の動き

▶▶▶ **32・33ページの答え**

1 (1) オリオン(座)
　(2) ベテルギウス
　(3) ひまわり…ウ　　星座…ア

2 (1) カシオペヤ(座)
　(2) 下図

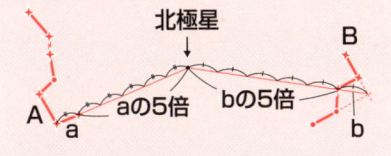

（北極星、A、a、aの5倍、b、bの5倍、B）

3 (1) さそり(座)
　(2) アンタレス
　(3) ウ
　(4) デネブ、ベガ、アルタイル
　　（順不同）

解説

1 (1) 中央の三つ星を外側の四角形をつくる4つの星で囲んだ形が特ちょう。
(2) Aはベテルギウスという赤色の1等星である。反対側（右下）に青白色の1等星リゲルがある。
(3) 星座や星は、地球が西から東向きに自転しているために、東から西向きに動いて見えるが、「ひまわり」は地球の自転と同じ周期で地球のまわりを回る静止衛星なので、動かない。

2 (1) 北の空の北極星の近くにあり、W字形をした星座はカシオペヤ座である。北極星をはさんでほぼ反対側に、お

ぐま座の一部である北斗七星がある。
(2) 北極星は2等星なので、あまり目立たないが、北斗七星やカシオペヤ座を使って探すことができる。

3 (1) 図1は、夏の代表的な星座の1つであるさそり座を表している。南の空の低いところを通るので、空に出ている時間はあまり長くない。
(2) さそり座のむねのところには、赤色の1等星アンタレスがかがやく。
(3) 星は真南にきたときがもっとも高度が高く、南の空に見えた後は高度を下げながら西に移動していく。
(4) 夏の大三角は、はくちょう座のデネブ、こと座のベガ（織り姫星）、わし座のアルタイル（彦星）の3つの1等星を結んでできる三角形である。デネブとベガを結ぶ辺に対し、アルタイルとほぼ対称な位置に北極星がある。

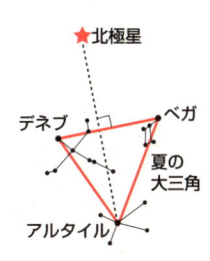

（★北極星、デネブ、ベガ、アルタイル、夏の大三角）

星の1年の動き

▶▶▶ **48・49ページの答え**

1 (1) イ　(2) サ
　(3) 6（か月後）

2 (1) オリオン（座）　(2) 冬
　(3) 22（時）

答えと解説

3 (1) エ
　　(2) 向き…左　角度…エ

解説

1 (1) 地球は1年（365日）かけて太陽のまわりを1周（360度）回っている。これを地球の公転という。星座をつくる星は地球からはるか遠いところにあるため、地球から見える星の方向は1年を通して変わらない。よって、地球が公転することにより、同じ時刻に見える星の位置は1か月で約30度ずつ、1日では約1度ずつ東から西に移動して見える。

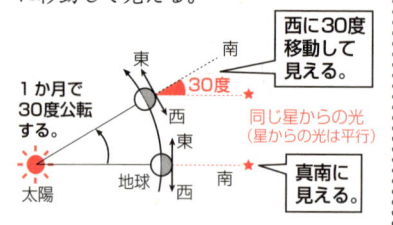

この動きは、北の空では反時計回りに円をえがいて移動しているように見えるので、星Aの位置は1か月後にはアの位置から30度反時計回りに回ったイの位置に移る。

(2) 3か月前の同じ午後9時の位置は、30×3＝90〔度〕時計回りにもどったコである。2時間後の午後11時には、15×2＝30〔度〕反時計回りに回っているので、サの位置となる。

(3) 午後9時にアの位置にある星Aは、6時間後の午前3時には、15×6＝90〔度〕反時計回りに回ったエの位置にある。星が同じ時刻に見える位置は1か月に30度ずつ反時計回りに移動していくので、午前3時にエの位置に見えていた星Aが180度移動してコの位置に見えるには、180÷30＝6〔か月〕かかる。

2 (1) 中央の三つ星を、四角形の頂点にある4つの星で囲んでつづみ形をつくっているオリオン座である。赤色の1等星ベテルギウスと青白色の1等星リゲルをふくむ。

(2) オリオン座は冬の代表的な星座であり、そのベテルギウスと、おおいぬ座のシリウス、こいぬ座のプロキオンの3つの星でつくる三角形を、冬の大三角とよんでいる。

(3) 星座をつくる星は、同じ時刻に見える位置が1日に1度ずつ東から西に移動するため、同じ位置に見える時刻は、1日に4分（＝60÷15）ずつ早くなる。したがって、30日では、4×30＝120〔分〕つまり2時間早くなる。24－2＝22〔時〕

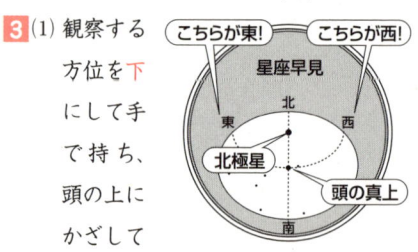

3 (1) 観察する方位を下にして手で持ち、頭の上にかざして星を観察する。東と西の位置に注意

49〜51ページの答えと解説

しょう。
(2) 1か月後の同じ時刻に同じ場所で観察すると、星は西に30度移動した位置に見えている。したがって、窓の中に1か月前と同じ星空を現すには、窓の中を30度だけ前にもどすように回す必要がある。上盤には時刻が反時計回りの向きに、下盤には月日が時計回りの向きに記されているので、前にもどすには上盤を下盤に対し左回りに回せばよい。

ハイレベル 総合問題 星の動き

▶▶▶ 50・51ページの答え

1 (1) ア…ベテルギウス
　　　イ…リゲル
　　　ウ…プロキオン
　　　エ…シリウス
　(2) エ　(3) ア、ウ、エ
　(4) イ　(5) 午後8(時ごろ)
　(6) (約) 12 (時間)
2 (1) ア　(2) A
　(3) ①…×
　　　②…×
　(4) 右図

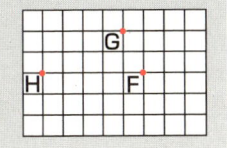

解説
1 (1) オリオン座には、三つ星の左上の角にベテルギウス、右下の角にリゲルという1等星がある。こいぬ座にはプロキオン、おおいぬ座にはシリウ

スという1等星がある。
(2) おおいぬ座のシリウスは、全天でもっとも明るい星（太陽を除く）である。
(3) オリオン座のベテルギウス、おおいぬ座のシリウス、こいぬ座のプロキオンを結んでできる三角形を、冬の大三角とよぶ。
(4) 東の空、南の空、西の空でのオリオン座の三つ星の並びは、およそ下の図のようになる。

地平線　東　　　南　　　西

(5) 星座や星座をつくる星が東からのぼってくる（同じ位置に見える）時刻は1か月に約2時間早くなる。
(6) オリオン座の三つ星は、春分・秋分の日の太陽とほぼ同じ通り道を通る。つまり、真東からのぼり真西にしずむので、空に出ている時間はほぼ12時間である。

2 (1) 星座や星座をつくる星の位置は1時間に15度ずつ東から西に移動して見えるが、それぞれのたがいの位置関係は変わらない。したがって、星座などの形は1年中同じに見える。
(2) 天球上で、真北－天頂－真南を結ぶ曲線上に同時に並ぶ星は、北にある星（右図

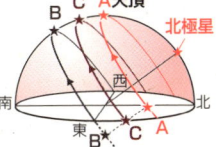

ではA)ほど早く東からのぼる。
(3) **1**の(4)を参照のこと。南や西の空では地平線に垂直にならない。
(4) GHを結んだ線を、FHを結んだ線と同じ角度だけ同じ向きに回したときのGの位置を調べればよい。FとGのたがいの位置関係は変わらない。

太陽の動き
▶▶▶ 78・79ページの答え

1 (1) ②　(2) ウ　(3) イ
2 (1) ア　(2) ウ　(3) エ

解説
1 (1) 日本では、太陽は東からのぼり南の空を通って西にしずむので、棒のかげは棒の北側を通る。したがって、①が北、その反対側の③が南であり、②が東、④が西となる。
(2) 西側および東側にのびた棒のかげの先が、東西を結ぶ直線より南側にのびているので、太陽が真東より北寄りからのぼり、真西より北寄りにしずんだことがわかる。太陽がこのような動きをするのは夏至（6月下旬）のころであるから、7月を選ぶ。
(3) 12月は冬至（12月下旬）のころに近いので、太陽は真東より南寄りからのぼり、真西より南寄りにしずむ。したがって、棒のかげの先は東西の線より常に北側を通る。太陽が真南にきたときのかげの長さはもっとも

短くなる（ただし夏至のときより長い）ので、曲線はイのようになる。
2 (1) 夏至の日は、地球が北極側を太陽のほうにかたむけている位置にあるときでアがあてはまる。ウはちょうどその反対側で冬至のときの位置である。したがって、地球の公転の向きを考えると、エは春分、イは秋分のときの地球の位置であるとわかる。
(2) 昼の長さがもっとも短くなるのは冬至のときである。
(3) 図2は夏至のころで、太陽は真東より北寄りからのぼっている。同じ日に太陽がのぼる方位は、世界中どこでも同じである。北半球では図2のように太陽の通り道が南側にかたむいているが、赤道上では太陽は地平線に垂直にのぼり垂直にしずむ。

ハイレベル 総合問題　太陽の動き
▶▶▶ 80・81ページの答え

1 (1) イ　(2) 11：52
(3) ウ　(4) E
2 (1) 時刻…イ　方位…エ
(2) A、B、C、D（順不同）
(3) ① イ　② ウ

解説
1 (1) 太陽の南中高度が80度近いので、1年中で南中高度がもっとも高くなる夏至のころと考えられる。
(2) 南中時刻＝（日の出の時刻＋日の入

りの時刻）÷ 2 ＝（4：30 ＋ 19：14）÷ 2 ＝ 11：52 となる。

(3) 緯度が等しい地点では、太陽の南中高度が等しく、また、昼間の長さ（＝日の入りの時刻ー日の出の時刻）も等しい。観測地点 B での昼間の長さは、19：31 － 4：59 ＝ 14 時間 32 分であり、これと同じ昼間の長さになる地点を探すと A があてはまる。

(4) 日本では、明石で太陽が南中したときが正午と決められているので、明石より東にある地点では正午より前に太陽が南中し、東にある地点ほどその時刻は早くなる。太陽の南中時刻がもっとも早いのは E である。

2(1) 棒のかげの長さがもっとも短くなるのは太陽が南中したときである。埼玉県は明石より東にあるので、太陽の南中時刻は正午より少し早い。

(2) 夏至の日には、太陽は真東より北寄りからのぼるので、かげは真西より南寄りにのびる（D）。太陽が東から南の空に移動するにつれて、かげは西から北西の方向にのび（A）、太陽の南中後は北東にのびる（B）。さらに、日の入りの方位は真西より北寄りとなるので、かげは真東より南寄りにのびる（C）。

(3) ① かげの長さと棒の長さの比が 4：5 となっているので、図 3 の横じく 4 cm、たてじく 5 cm の目もりに一致

する点と原点を結ぶ直線を引いて角度を読み取ると、51° にもっとも近い。
② 角度が 30° の線が方眼紙の左はしと交わる点の横じくの値は 6 cm、たてじくの値は 3.5 cm であるから、かげの長さを□cm とすると、3.5：6 ＝ 50：□より、□＝ 85.7… となるので、87 cm がもっとも近い。

月の動き・月食

▶▶▶ 110・111 ページの答え

1 (1) エ　(2) イ　(3) ア
2 (1) A…①　B…③　C…ウ
　　(2) ア　(3) エ

解説

1(1) 写真の月は、上弦の月から満月に変わっていく途中の月である。上弦の月は図のオの位置、満月は図のウの位置にあるときの見え方なので、その間のエの位置にあることがわかる。

(2) 上弦の月は日の入りのころ南中し、満月は真夜中の午前 0 時ごろに南中する。月の南中時刻は 1 日に約 50 分ずつおくれていくので、写真の月は日の入りの午後 6 時ごろと真夜中の間の午後 9 時ごろ南中する。

(3) 月がウの位置にあるとき、地球は①の新月の状態に見える。月がアの位置にくると、地球は②のように右半分が光った上弦の月と同じに見える。月がキの位置にきたとき、地球は③

155

答えと解説

の満月の形に見え、月が**オ**の位置にきたときは、④のように左半分が光る下弦の月と同じに見える。月が公転軌道上を1周するには約1か月かかるので、地球の満ち欠けがひとまわりするのにも約1か月かかる。

2(1) **A**…月や太陽の動きは、地球の自転による見かけの動きであり、地球の自転とは逆向きに動いて見える。地球は北極の上方から見て<u>反時計回り</u>に自転している。 **B**…月の公転の向きも北極の上方から見ると<u>反時計回り</u>である。このため、月の出の時刻は<u>1日に約50分ずつおくれる</u>。 **C**…日食は、月が太陽の一部または全部をかくし、太陽が欠けて見える現象である。太陽と地球の間に月が入って一直線上に並んだときに起こる。

(2) 月が太陽と同じ方向にきたとき、地球からは月のかがやく面を見ることができない。この月を<u>新月</u>という。

(3) かいき日食は、月の<u>本影</u>（光が完全にさえぎられる部分）が地球上にうつるときに、その本影の中に入った地点で観察できる。本影のまわりには<u>半影</u>（光が一部さえぎられる部分）ができている。

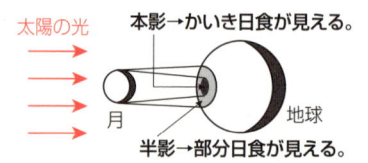

太陽の光 → 本影→かいき日食が見える。
月　地球
半影→部分日食が見える。

ハイレベル総合問題 月の動き・月食

▶▶▶ 112・113ページの答え

1 (1) ア　(2) ア　(3) イ
(4) 現象の名前…月食
　　位置…①
(5) ウ

2 (1) イ　(2) 南　(3) ア
(4) キ
(5) 月が地球のまわりを公転するために、太陽に照らされた月面の見え方が変化するから。

解説

1 (1)(2) 太陽が西にしずむころ東からのぼっている月なので、<u>満月</u>であることがわかる。満月は日の入りのころ東からのぼり、日の出のころ西にしずむ。

(3) 月の公転周期は<u>27.3日</u>である。

(4) 月が地球のかげの中に入り、月面が一部または全部暗く欠けて見える現象を、<u>月食</u>という。

地球　月
地球のかげ

(5) 月は、1回公転する間に1回自転するため、常に地球に同じ面を向けて回っている。

2 (1) 右半分がかがやく半月であるから、<u>上弦の月</u>である。

(2) 月の明暗の境界線（弦）が地平線に

112～131ページの答えと解説

対して垂直になっているので、上弦の月が南中したころであるとわかる。
(3) 上弦の月が南中するのは、日の入りのころ（午後6時ごろ）である。
(4) 上弦の月は、公転軌道上で新月の位置オより、北極上方から見て反時計回りに90度回った位置キにあるときの月の見え方である。ウの位置にあるときは左半分がかがやく下弦の月となる。
(5) 月が満ち欠けして見えるのは、月自身は光を出さず太陽に照らされて光っていて、月が地球のまわりを公転しているために太陽、地球、月の位置関係が変化することによって、月の明るい面の見え方が変化するからである。太陽のように自分で光を出していれば、満ち欠けはしないことに注意しよう。

雲のでき方と気圧

▶▶▶ 130・131ページの答え

1 (1) アメダス
 (2) 雨量（降水量）、気温、風向、風速、日照時間、積雪量 から3つ
 (3) オ (4) ひまわり
2 (1) ア (2) イ (3) ウ
 (4) ア

解説

1 (1)(2) アメダスの正式名は「地域気象観測システム」という。アメダスはこれを英語で書いたときの頭文字などを組み合わせてつくられた言葉である。降水量や気温、風向・風速、日照時間などを自動的に観測し、そのデータを気象庁にあるコンピュータに集めて、気象災害の防止などに役立てている。
(3) 雲画像（雲写真）にうつっているうず状の雲は台風である。台風が南から北に向かって日本に近づいてくる順に図を並べればよい。
(4) 日本の気象衛星は「ひまわり」という愛称をつけられている。赤道上空約36000kmの高さに打ち上げられた静止衛星で、地球の自転と同じ周期（1周する時間）で地球のまわりを西から東に回っている。

2 (1) 台風は、日本の南方の赤道近くの海上で発生した熱帯低気圧のうち、中心付近の風速が毎秒17.2mをこえたもの。
(2) 台風は、太平洋上に発達した高気圧のかたまり（気団）のふちにそって、南から北に移動していく。日本付近に達すると、上空で1年中ふいている偏西風とよばれる西風におされて、向きを東〜北東に変える。
(3) 台風は低気圧なので、まわりから中心に向かって反時計回りに風がふきこんでいる。進行方向右側ではこの

答えと解説

風の向きと台風の進む向きが同じになるので、風が強め合っていっそう強くなる。進行方向左側では向きがたがいに逆になるので弱め合い、風がやや弱くなる。

▼台風の進行方向と風向き

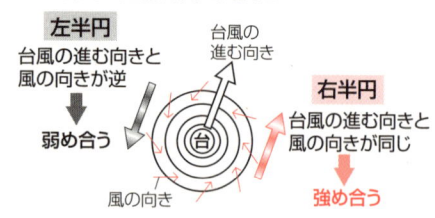

左半円		右半円
台風の進む向きと風の向きが逆	台風の進む向き	台風の進む向きと風の向きが同じ
弱め合う	風の向き	強め合う

(4) 日本付近では<u>西から東</u>に天気の変化が移っていく。夕焼けが見られるときは西のほうに雲がないので、翌日は晴れることが多い。

日本の季節と天気

▶▶▶ 146・147 ページの答え

1 (1) ア　　(2) 梅雨　　(3) ウ

2 (1) ①…ウ　②…イ
　　　③…エ　④…ア
　(2) 梅雨…④　冬…①

解説

1 (1) 日本の<u>気象衛星</u>である「ひまわり」は、赤道上空約 36000km の高度に打ち上げられた静止衛星で、地球のまわりを地球の自転と同じ周期で同じ向きに回っているため、地上からはいつも同じ位置に静止して見える。

(2)(3) 日本付近では、6月～7月ごろに<u>梅雨</u>がおとずれ、雨の降りやすい日が続くようになる。梅雨は、北のオホーツク海上にある高気圧のかたまりと、日本の南方の太平洋上に発達した高気圧のかたまりの勢力がつり合い、日本列島にそって帯状の雲がつくられ停滞することで起こる。このさかいめにそってできる空気のかたまりの接した部分を<u>停滞前線</u>といい、この梅雨のときにできる停滞前線を特に<u>梅雨前線</u>という。

2 (1)(2) ①の天気図は、冬の特ちょうをよく表した図である。天気図上にえがかれた等高線のような曲線は<u>等圧線</u>とよばれるもので、気圧の等しい地点をなめらかに結んだものである。冬になると、この等圧線が日本付近で南北に走ることが多くなる。そして、日本の西側にある冷たい高気圧のかたまりから<u>北西の季節風</u>がふきこむ。この季節風が日本海をわたるとき大量の水蒸気をふくみ、日本列島の中央を走る山脈にぶつかって日本海側に大雪を降らせる。

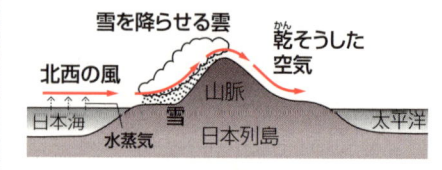

雪を降らせる雲　乾そうした空気
北西の風　山脈
日本海　雪　日本列島　太平洋
水蒸気

②の天気図は夏の特ちょうを表している。太平洋上には高気圧が発達し、この高気圧から南東のしめった風がふきこみ、蒸し暑い日が続くように

なる。

③は高気圧と低気圧の中心が交互に日本付近を通過し、数日ごとに天気が変わるという不安定な天気が続く、春や秋の天気図を表している。

④の天気図には、日本列島にそって停滞前線（記号：●▼●▼）がのびているのが見られる。これは梅雨のころの天気図の特ちょうである。

ハイレベル 総合問題 気象

▶▶▶ 148・149ページの答え

1 (1) ア
(2) 北半球…ア　南半球…イ
(3) ①…西　　②…東
　　③…西　　④…東
2 (1) ① 12.7g/m³　② 15℃
(2) ウ

解説

1 (1) 図によると、温度の低いほうから高いほうへ向かって空気の移動が起こる、つまり風がふくことがわかる。

(2) 赤道付近は北極・南極に比べて温度が高いので、北半球では温度の低い北極から温度の高い赤道に向かって、北から南への風がふくと考えられる。南半球では、温度の低い南極から温度の高い赤道に向かって、南から北への風がふくと考えられる。

(3) 日本付近の上空には、1年中強い西風がふいている。これを偏西風という。偏西風は日本付近の天気の移り変わりに大きな影響をあたえている。つまり、低気圧や雲がこの偏西風におされて西から東に移動するので、天気は西から東に移り変わることが多い。

2 (1) ① ［湿度］＝［空気中の水蒸気量］÷［飽和水蒸気量］× 100 より、空気中の水蒸気量は、［飽和水蒸気量］×［湿度］÷ 100 で求められる。25℃の飽和水蒸気量を表1から読み取ると 23.1g/m³ なので、23.1 × 55 ÷ 100 ＝ 12.70… より 12.7g/m³ である。

② 12.7g/m³ の水蒸気量が飽和水蒸気量と一致するときの気温が露点である（湿度が100％となる）。表より、温度が15℃のときの飽和水蒸気量である12.8g/m³ がもっとも近い値である。

(2) 表2によると、露点は常に一定であり、空気中の水蒸気量は変化しなかったことを示している。飽和水蒸気量の値は気温が高いほど大きいので、湿度は気温が高いほど低くなる。

●監修＝木村 紳一　　●まんが＝森永 みぐ
●編集協力＝(有)きんずオフィス、長谷川千穂
●写真・画像提供、協力＝NASA、(財)日本気象協会、気象庁、CIN、仙台市科学館
●表紙デザイン＝ナカムラグラフ＋ノモグラム　　●本文デザイン＝(株)テイク・オフ
●DTP＝(株)明昌堂　　データ管理コード 16-1772-0480 (CS2)
●図版＝(株)アート工房
◆この本は下記のように環境に配慮して制作しました。
・製版フィルムを使用しないCTP方式で印刷しました。
・環境に配慮して作られた紙を使用しています。

Ⓒ Gakken Plus 2007　　　　　　　　　　　　　　　　　　Printed in Japan
本書を代行業者等の第三者に依頼してスキャンやデジタル化することは，たとえ個人や　★④
家庭内の利用であっても，著作権法上，認められておりません。